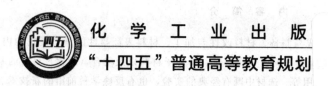

化学工业出版

"十四五"普通高等教育规划

U0261611

CAILIAO HUAXUE ZHUANYE SHIYAN

材料化学专业实验

秦四勇　李琳　主编

化学工业出版社

·北京·

内 容 简 介

《材料化学专业实验》包括材料合成与制备、材料改性与加工、材料表征与性能三个模块的内容，共计 60 个实验。本教材涵盖了无机非金属材料、金属材料、高分子材料以及复合（杂化）材料的基本知识，制备的原理与方法，以及相关应用等。选材中既有经典的实验，也有反映学科前沿的新技术、新方法。该教材贴近材料化学实验的教学实际，对提高学生的理论水平、实验技能、动手能力、创新能力有重要的指导意义。

本教材可供高等院校材料相关专业师生使用，也可作为从事材料科学研究、开发及管理人员的参考用书。

图书在版编目（CIP）数据

材料化学专业实验 / 秦四勇，李琳主编 . —— 北京：化学工业出版社，2024. 8. ——（化学工业出版社"十四五"普通高等教育规划教材）. —— ISBN 978-7-122 -45794-3

Ⅰ . TB3-33

中国国家版本馆 CIP 数据核字第 2024D8M877 号

责任编辑：李 琰　宋林青　　　　　　　　装帧设计：韩　飞
责任校对：李雨晴

出版发行：化学工业出版社（北京市东城区青年湖南街 13 号　邮政编码 100011）
印　　装：河北延风印务有限公司
787mm×1092mm　1/16　印张 10¼　字数 234 千字　2025 年 3 月北京第 1 版第 1 次印刷

购书咨询：010-64518888　　　　　　　售后服务：010-64518899
网　　址：http://www.cip.com.cn

凡购买本书，如有缺损质量问题，本社销售中心负责调换。

定　　价：39.80 元

前　言

  材料是人类赖以生存和发展的物质基础。自古以来，人类文明的进步以材料的发展作为标志。材料化学是从化学的视角探究材料的组成、结构、性能以及彼此之间相互关系的一门科学，涉及材料的设计、制备、表征与应用等。材料化学实验是材料化学相关理论知识的实践与补充，是材料化学专业的一门重要必修课程。该课程能有效帮助学生掌握材料化学的基础知识和基本技能，形成科学的思维方法以及提高自身的科研素质。

  本教材以功能材料的制备方法为基础，注重材料的修饰与功能化，主要分为材料合成与制备、材料改性与加工以及材料表征与性能三个部分，共计 60 个实验。实验 1～20 为材料合成与制备模块，主要呈现无机纳米材料典型的制备方法以及高分子功能材料的合成方法；实验 21～40 为材料改性与加工模块，涉及金属材料和无机非金属材料的表面改性、复合材料的制备以及高分子材料的加工；实验 41～60 为材料表征与性能模块，主要探讨各种材料的性质、微结构以及相关性能的表征。通过相关实验的开设让学生对材料的制备方法、材料组成与结构的鉴定以及材料性能的表征有系统性的认识与研究，从而提高学生的理论水平、实验技能、动手能力、创新能力。

  本教材由中南民族大学材料化学专业的教师编写，秦四勇副教授和李琳教授任主编，李香丹教授、谢光勇教授、程釜家副教授、章庆副教授和刘书正老师担任副主编，陈小随、马艺函、梅鹏等老师参与了本书的编写与校核工作。

  由于编者水平有限，书中不当之处在所难免，恳请读者批评指正。

编者

2024 年 5 月

目　录

参考文献 152

模块一

材料合成与制备

实验 1

溶剂热法制备金属有机框架材料 MOF-5

一、实验目的

1. 了解金属有机框架材料的结构和用途。
2. 学习并掌握制备金属有机框架材料的方法。

二、实验原理

金属有机框架（metal-organic frameworks，MOFs）材料是金属离子和有机多齿配体通过超分子自组装形成的一种具有多孔网络状结构的有机-无机杂化材料。这种材料具有孔隙率高、比表面积大、密度低及稳定性高等优点，在储气、分离、催化、生物化学及载药等方面有着广泛的应用。例如，MOF-5 是一种潜在的储氢材料，它是目前研究中最为成熟的金属有机框架材料之一。

MOF-5 是由 Zn^{2+} 和 1,4-对苯二甲酸（1,4-H_2BDC，$C_8H_6O_4$）构成的具有微孔结构的配合物 $[Zn_4O(BDC)_3]$，如图 1。根据产物的组成，原料 $Zn(NO_3)_2 \cdot 6H_2O$ 与对苯二甲酸的理论比例为 4:3，为了充分利用有机酸，一般增加 $Zn(NO_3)_2 \cdot 6H_2O$ 的量，如本实验中二者的比例为 2:1。

$$4Zn(NO_3)_2 \cdot 6H_2O + 3H_2BDC \longrightarrow Zn_4O(BDC)_3 + 23H_2O + 8HNO_3$$

在反应过程中，三乙胺使对苯二甲酸去质子化，去质子化的对苯二甲酸以四齿配体的形式与 Zn^{2+} 配位，形成 Zn_4O 四面体。在 MOF-5 晶体中，在立方体的每个顶点处，可以视作是一个六连通的 $Zn_4O(CO_2)_6$ 原子簇，原子簇通过对苯二甲酸连接成三维网络结构，也可以说在每个顶点处，4 个 ZnO_4 四面体共一个 O 存在，同时，四个 Zn_4O 四面体通过六个—OCO—基团两两键连在一起，然后每个顶点之间通过一个对苯二甲酸根键连在一起。这种配合物的最大特点是，在立方体的中间形成了一个巨大的四方孔洞结构（8～12Å，1Å=10^{-10} m）。这种孔洞结构可以使 MOF-5 具有高达 2900～4000 m^2/g 的比表面积。本实验提供 MOF-5 的两种经典制备方法。

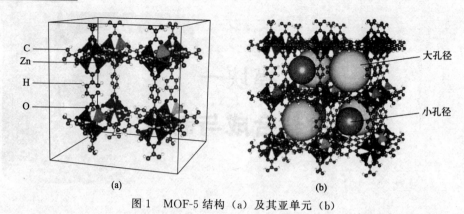

图 1 MOF-5 结构（a）及其亚单元（b）

三、主要试剂与仪器

化学试剂：$Zn(NO_3)_2 \cdot 6H_2O$，N,N-二甲基甲酰胺（DMF），三乙胺（TEA），对苯二甲酸（1,4-H_2BDC）。

仪器设备：烧杯，水热反应釜，恒温干燥箱，离心机，磁子，电子天平，量筒（50 mL），吸量管（5 mL），磁力搅拌器。

四、实验步骤

1. 直接法制备 MOF-5

① 取 1.190 g（4 mmol）$Zn(NO_3)_2 \cdot 6H_2O$ 和 0.334 g（2 mmol）对苯二甲酸溶于 30 mL 的 DMF 中，充分搅拌 30 min。

② 然后将澄清液倒入烧杯中，添加 3 mL 三乙胺，搅拌 2.5 h。

③ 反应结束后，离心分离产物，用 DMF 冲洗 3 次，每次用量 15 mL，接着将产物在 150 ℃下干燥 12 h。

2. 溶剂热法制备 MOF-5

① 称量 1.190 g $Zn(NO_3)_2 \cdot 6H_2O$ 和 0.334 g 对苯二甲酸溶于 30 mL 的 DMF 中，充分搅拌 30 min。

② 然后将澄清液倒入水热反应釜中，在恒温干燥箱中 120 ℃反应 12 h。

③ 冷却后，离心分离产物，用 DMF 冲洗 3 次，接着将产物在 150 ℃下干燥 12 h。

五、注意事项

1. 适当改变 Zn^{2+} 和对苯二甲酸的比例，如 3:1，可以获得不同结构的 MOF-5。

2. 产物处理过程中，最后可用适量 CCl_4（如 15 mL）浸泡产物以除去产物孔洞结构中吸附的 DMF。

六、思考题

1. 在 MOF-5 中，对苯二甲酸根与 Zn^{2+} 的配位形式是什么？对苯二甲酸根可以以哪些形式与金属阳离子进行配位？

2. 怎样表征 MOFs 材料的这种孔洞结构？使用扫描电子显微镜可以观察到这种孔洞结构吗？

3. 查阅文献，既然在每个顶点之间利用一个对苯二甲酸连接在一起（也可视作在顶点之间存在一个苯环结构），那么可用改变或者更换这种苯环结构来调整产物孔洞结构的大小吗？

实验 2

溶胶-凝胶法合成纳米二氧化锆

一、实验目的

1. 学习并掌握溶胶-凝胶法制备纳米粒子的原理。
2. 了解纳米二氧化锆的基本性质和用途。

二、实验原理

溶胶-凝胶法（sol-gel 法，简称 SG 法）是一种条件温和的材料制备方法。此法以无机物或金属醇盐作前驱体，在液相中将这些原料均匀混合，并进行水解、缩合等化学反应，在溶液中形成稳定透明的溶胶体系。溶胶经陈化、胶粒间缓慢聚合，形成三维空间网络结构的凝胶，凝胶网络间充满了失去流动性的溶剂，形成凝胶。凝胶经过干燥、烧结固化制备出分子乃至亚纳米结构的材料。近年来，溶胶-凝胶技术在玻璃、氧化物涂层和功能陶瓷粉料，尤其是传统方法难以制备的复合氧化物材料、高临界温度氧化物超导材料的合成中均得到成功的应用。

ZrO_2 是锆的主要氧化物，通常状况下为白色、无臭、无味晶体，难溶于水、盐酸和稀硫酸，一般常含有少量的二氧化钛，化学性质不活泼，且具有高熔点、高电阻率、高折射率和低热膨胀系数的性质。它是重要的耐高温材料、陶瓷绝缘材料和陶瓷遮光剂，亦是人工钻的主要原料。

以锆酸四丁酯为基本原料，先将锆醇盐溶解在溶剂中，通过搅拌和添加冰醋酸作为抑制剂，使之与锆酸四丁酯反应形成螯合物，从而使锆酸四丁酯均匀水解，减小了水解产物的团聚，得到颗粒细小且均匀的 $Zr(OH)_4$ 胶体溶液。在溶胶中加入去离子水，使胶体粒子形成一种开放的骨架结构，溶胶逐渐失去流动性，形成凝胶。将凝胶进一步干燥脱水后即可获得 ZrO_2。

锆酸四丁酯在酸性条件下、乙醇介质中水解反应是分步进行的，总水解反应表示为式（1），水解产物为含锆离子溶胶。

$$Zr(OC_4H_9)_4 + 4H_2O \longrightarrow Zr(OH)_4 + 4C_4H_9OH \tag{1}$$

一般认为，在含锆离子溶液中锆离子通常与其他离子相互作用形成复杂的网状基团。上述溶胶体系静置一段时间后，由于发生胶凝作用，最后形成稳定凝胶。

$$Zr(OH)_4 + Zr(OC_4H_9)_4 \longrightarrow 2ZrO_2 + 4C_4H_9OH \qquad (2)$$
$$Zr(OH)_4 + Zr(OH)_4 \longrightarrow 2ZrO_2 + 4H_2O \qquad (3)$$

三、主要试剂与仪器

化学试剂：锆酸四丁酯 $[Zr(OC_4H_9)_4]$，无水乙醇，冰醋酸，盐酸，去离子水。

仪器设备：真空干燥箱，恒温磁力搅拌器，恒温水槽，马弗炉，研钵，量筒（10 mL、50 mL），烧杯（100 mL）。

四、实验步骤

① 室温下量取 10 mL 锆酸四丁酯，缓慢滴入 35 mL 无水乙醇中，用磁力搅拌器强力搅拌 10 min，混合均匀，形成黄色澄清溶液 A。

② 将 4 mL 冰醋酸和 10 mL 去离子水加到另外 35 mL 无水乙醇中，剧烈搅拌。滴入 1～2 滴盐酸，调节 pH 值使 pH≤3，得到溶液 B。

③ 室温水浴下，在剧烈搅拌下将溶液 A 缓慢滴入溶液 B 中，滴速大约为 3 mL/min。滴加完毕后得浅黄色溶液，继续搅拌 30 min 后，40 ℃ 水浴加热，2 h 后得到白色凝胶（倾斜烧瓶凝胶不流动）。

④ 置于 80 ℃ 下烘干，大约需 20 h，得黄色晶体，研磨，得到淡黄色粉末。

五、实验结果和处理

产品外观：_____；产量：_____；固含量：_____。

六、注意事项

1. 本实验所有仪器必须干燥。因锆酸四丁酯容易水解，如果仪器不干燥，可能会引起锆酸四丁酯水解产生沉淀 $Zr(OH)_2$，导致实验失败。

2. 滴加溶液时需强力搅拌，防止溶胶形成过程中产生沉淀。

七、思考题

1. 实验中加入冰醋酸的目的是什么？
2. 溶胶-凝胶过程包括水解和缩聚两个过程，本实验中涉及的水解和缩聚反应分别是什么？
3. 为何本实验中选用锆酸四丁酯 $[Zr(OC_4H_9)_4]$ 为前驱物，而不选用 $ZrCl_4$ 为前驱物？

实验 3

共沉淀法制备纳米羟基磷灰石

一、实验目的

1. 掌握共沉淀法基本原理。

2. 掌握反应过程中 pH 值的控制。

3. 掌握共沉淀法制备羟基磷灰石的实验室工艺过程。

二、实验原理

羟基磷灰石（hydroxyapatite，HA）是磷酸钙生物陶瓷中最具有代表性的一种材料，它是人体和动物骨骼中最主要的无机成分。人工合成 HA 在生物医学材料、化学催化以及环境工程等领域得到了广泛的应用。

目前合成纳米羟基磷灰石粉体的方法一般分为干法和湿法（见图 1），其中湿法应用较广，湿法又分共沉淀法、溶胶-凝胶法、微乳液法、水热合成法等。

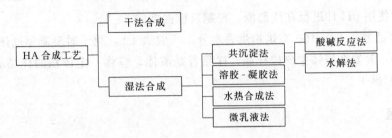

图 1　HA 合成工艺示意图

共沉淀法由于设备简单，反应条件易于控制，因而应用较为广泛。合成羟基磷灰石的反应方程式如下：

$$10Ca(NO_3)_2 + 6(NH_4)_2HPO_4 + 8NH_3 \cdot H_2O \longrightarrow Ca_{10}(PO_4)_6(OH)_2 + 20NH_4NO_3 + 6H_2O$$

共沉淀法仅在共沉淀反应环节使用氨水，实验环境较好，同时可通过改变工艺条件以及加入适当有机助剂得到不同成分、不同形貌的纳米 HA，是一种高效制备纳米 HA 的方法。

三、主要试剂与仪器

化学试剂：硝酸钙，柠檬酸，磷酸氢二铵，无水乙醇，氨水，蒸馏水。

仪器设备：烧杯（1000 mL），烧杯（500 mL），磁力搅拌器，玻璃棒，离心机，烘箱，超级恒温水浴锅，pH 计，pH 试纸，电子天平，分液漏斗 2 个，培养皿，研钵。

四、实验步骤

① 称量硝酸钙 47.78 g、柠檬酸 0.07 g、蒸馏水 200 mL，磷酸氢二铵 15.68 g、蒸馏水 200 mL。将称量好的硝酸钙和柠檬酸用 200 mL 水溶解在 1000 mL 的烧杯中，同样将称量好的磷酸氢二铵溶解在 500 mL 的烧杯中备用。

② 将溶解了硝酸钙和柠檬酸的烧杯放入磁力搅拌器中，温度调到 55 ℃，转速适当。

③ 待烧杯中物质溶解，并且温度达到 55 ℃后，往其中滴入氨水将 pH 值调到 10.5 左右，然后打开盛有磷酸氢二铵溶液的分液漏斗开关，使其以每滴 3 s 的速率往下滴。

④ 保持磷酸氢二铵的滴速不变，通过调节氨水的滴速调节 pH 值，使反应过程中 pH 值保持在 10.5 左右。

⑤ 反应结束后在 40 ℃下陈化 24 h。

⑥ 洗涤。用无水乙醇洗 3 次，蒸馏水洗 3 次。

⑦ 用培养皿将湿产物盛好，放入烘箱中，温度根据产物状态而定（见注意事项 2），直到粉料呈纯白色，磨成细粉即可。

五、实验结果和处理

通过实验数据计算产率，并通过 X 射线粉末衍射（XRD）进行粉末鉴定，确定相组成。

六、注意事项

1. 反应过程中，需要消耗 OH^-，因而需要用 $NH_3 \cdot H_2O$ 调节 pH 值至 10.5 左右，反应过程中使用 pH 计进行在线监测。控制反应温度约 55 ℃。

2. 将样品置于 80～100 ℃烘箱烘去水分，一般烘 4 h，烘干时要避免过热。样品颗粒不宜太大，一般要在研钵中研碎样品。样品若是液体，应将一定体积的样品滴在滤纸上，在 60～80 ℃烘干。

七、思考题

1. 反应中的影响因素有哪些？

2. 如何使粉末粒径细化？

实验 4

燃烧法制备 $CoFe_2O_4$ 磁性材料

一、实验目的

1. 了解 $CoFe_2O_4$ 的结构特点。

2. 了解燃烧法的基本原理。

3. 了解利用 X 射线粉末衍射进行纳米产物粒径估算的方法。

二、实验原理

尖晶石结构的钴铁氧体 $CoFe_2O_4$ 具有很多优异的性质，如高饱和磁化强度、优良的机械耐磨性和化学稳定性。$CoFe_2O_4$ 是一种高密度磁光信息存储介质，也可作为吸波材料用于军事上的隐身技术。制备 $CoFe_2O_4$ 的方法有化学共沉淀法、溶胶-凝胶法、水热法等。本实验中利用燃烧法来制备 $CoFe_2O_4$ 磁性材料。

燃烧法是通过一个低温的加热过程，诱发燃料和金属盐之间发生剧烈的放热反应，利用其自身的放热进一步促进反应的进行，从而在瞬间释放大量热量达到一个很高的温度而瞬间完成反应。因此，燃烧法是一个自我放热加速反应的过程，也称作自蔓延高温合成法。相比于传统的高温固相法，燃烧法具有升温迅速、加热均匀、反应速率快、产物蓬松、产物粒径小且分散均匀等优点。影响燃烧法的因素主要包括燃烧的温度、燃料的种类、燃料与金属盐的物质的量之比等。其中，常用的燃料包括尿素、柠檬酸、盐酸肼等。本实验以甘氨酸为原料，它和硝酸盐发生氧化还原反应产生热量。该体系发生的可能是一个偶联反应，首先是硝酸盐受热部分分解，反应如下：

$$4Fe(NO_3)_3 = 2Fe_2O_3 + 12NO_2 + 3O_2 \tag{1}$$

$$2Co(NO_3)_2 = 2CoO + 4NO_2 + O_2 \tag{2}$$

反应放出的氧气和二氧化氮与甘氨酸发生氧化还原反应：

$$4NH_2CH_2COOH + 9O_2 = 2N_2 + 8CO_2 + 10H_2O \tag{3}$$

$$8NH_2CH_2COOH + 6NO_2 + 12O_2 = 7N_2 + 16CO_2 + 20H_2O \tag{4}$$

式（3）和式（4）都是放热反应，在短时间内产生大量热量，导致体系温度迅速增加，使硝酸盐进一步分解。研究表明，氧化甘氨酸放出的能量远大于硝酸盐分解需要的能量，这样就保证了偶联反应的顺利进行。

晶体材料的 X 射线衍射峰原则上应该是一条条衍射线，但由于仪器本身、X 射线光源以及产物粒子尺寸的影响，衍射线往往变成了具有一定宽度的衍射峰。其中，产物尺寸的减小会使衍射峰出现宽化现象，特别是产物的尺寸处于纳米级时，宽化效应尤为明显，因此可以通过衍射峰的宽度来估算产物的尺寸大小。通常，通过谢勒公式可对球形纳米粒子的尺寸进行简单的估算，产物尺寸 D_{hkl} 用谢勒公式表示为：

$$D_{hkl} = \frac{k\lambda}{(B_0 - b_0)\cos\theta} \tag{5}$$

式中，一般 k 的取值为 0.89；λ 是 X 射线的波长（Cu-Kα 对应波长为 0.15418 nm）；B_0 是衍射峰（hkl）的半高宽；b_0 是仪器的自然线宽（一般用标准样品的半高宽来代替）；θ 是衍射角。

三、主要试剂与仪器

化学试剂：硝酸铁 [$Fe(NO_3)_3 \cdot 9H_2O$]，硝酸钴 [$Co(NO_3)_2 \cdot 6H_2O$]，甘氨酸（NH_2CH_2COOH），蒸馏水。

仪器设备：电子天平，镊子，坩埚，电阻炉，X 射线粉末衍射仪，蒸发皿。

四、实验步骤

① 称取 2.020 g 硝酸铁（5 mmol）、1.0177 g 硝酸钴（2.5 mmol），加蒸馏水配制成 20 mL 溶液。

② 称取 0.5630 g 甘氨酸（7.5 mmol），溶解在上述溶液中，得到混合均匀的红色溶液。

③ 把上述溶液倒入蒸发皿中，加热浓缩所得溶液使其水分蒸干，形成熔盐的混合体系。继续放到预先升温至 300 ℃ 的电阻炉中，半掩炉门，加热，直到最后燃烧发生并结束。

④ 冷却后收集产品，进行 X 射线粉末衍射测试。

⑤ 利用（311）衍射峰，估算晶粒尺寸。

五、注意事项

1. 加热时间与甘氨酸用量以及水的量有关，甘氨酸的用量不同，燃烧的激烈程度不同。

2. 可以分别采用不同的物质的量之比的甘氨酸与硝酸盐做平行实验，以此来了解其对产物尺寸大小的影响。

3. 如有可能，可以测试样品的磁滞回线。

六、思考题

1. 尖晶石具有怎样的结构特征？

2. 是否可以利用盐酸肼来替代甘氨酸？

3. 查阅资料，燃烧法实验中对所用化学试剂的类型是否有一定的要求？如何确定用量？

4. 试利用（400）衍射峰计算产物颗粒的尺寸，它们与用（311）衍射峰计算的结果一致吗？如不一致，试分析其可能的原因。

实验 5

微波法制备 Fe_2O_3 纳米材料

一、实验目的

1. 学习并掌握微波法制备纳米微粒的原理。

2. 了解 Fe_2O_3 纳米材料的性质与用途。

二、实验原理

微波是频率为 300 MHz～300 GHz、波长为 1 mm～1 m，具有较强穿透性和优异选择性的电磁波。在微波作用下，化学反应的突出特点是反应速率加快，较常规方法反应速率提高 2～3 个数量级。机理尚无定论，有观点认为，微波的频率与原子、离子的振动频率相同，因而能加快反应速率。另外，微波可使极性分子和离子极化，也起到加速化学反应的作用。

本实验采用微波水热合成法制备纳米粒子 Fe_2O_3，再进一步制成块体，并测定其一般性质。$FeCl_3$ 溶液与水反应生成 Fe_2O_3 是一个复杂的水解聚合及相转移、再结晶过程，反应式为：

$$x[Fe(H_2O)_6]^{3+} \longrightarrow Fe_x(OH)_y^{(3x-y)} \longrightarrow [\alpha\text{-FeOOH}] \longrightarrow \frac{x}{2}[Fe_2O_3] \quad (1)$$

加入配位剂 TETA（三亚乙基四胺，$C_6H_{18}N_4$），与 Fe^{3+} 反应形成配合物，当 TETA 被 OH^- 置换后转化为 $Fe(OH)_3$，再进一步转化为 Fe_2O_3。保持 Fe_2O_3 粒子直径在纳米级的关键在于防止粒子的团聚。TETA 在体系中，先作为配位剂与 Fe^{3+} 配合，后又作为表面活性剂（分散剂）分散系统中的粒子，防止粒子的团聚。

三、主要试剂与仪器

化学试剂：$FeCl_3$，盐酸，NaH_2PO_4，TETA，去离子水。

仪器设备：烘箱，微波炉，容量瓶（250 mL），移液管（50 mL、20 mL、10 mL），烧杯（250 mL、50 mL），温度计，搅拌棒，分析天平，磁铁、表面皿。

四、实验步骤

① 配制 0.0200 mol/L 的 $FeCl_3$ 溶液。用万分之一分析天平准确称量 $FeCl_3$ 晶体，置于 50 mL 小烧杯中，加少量盐酸控制水解，加去离子水溶解后转移至 250 mL 容量瓶中，加去离子水至刻度线，摇匀。

② 配制 0.0100 mol/L 的 TETA 溶液，方法同上。

③ 配制 1.0000 mol/L 的 NaH_2PO_4 溶液，方法同上。

④ 用 50 mL 移液管移取 50 mL 的 $FeCl_3$ 溶液，注入 250 mL 的烧杯中（烧杯一定要洗干净并干燥）。

⑤ 再用移液管分别取 40 mL 的 TETA 溶液和 15 mL 的 NaH_2PO_4 溶液注入同一烧杯中，微摇荡，盖上表面皿。

⑥ 微波作用。将烧杯置于微波炉中，启动微波炉，低火加热 15 min。

⑦ 陈化作用。将烧杯放入烘箱中，110 ℃保温（时间不低于 8 h）。

⑧ 取出烧杯，除掉水，烘干粉末。

⑨ 将粉末压制成形，检验其磁性。

⑩ 测定纳米粉的熔点，并与普通氧化铁粉末相对照。

五、实验结果和处理

产品外观：＿＿＿＿＿＿＿＿＿；产量：＿＿＿＿＿＿＿＿＿；

固含量：＿＿＿＿＿＿＿＿＿；熔点：＿＿＿＿＿＿＿＿＿。

六、思考题

1. 如果仅用 $FeCl_3$ 溶液与水反应能否制得纳米粒子？

2. 操作注意事项有哪些？

实验 6

固相合成法制备莫来石粉体

一、实验目的

1. 掌握固相合成制备技术及其形成机理。

2. 学习并掌握体积密度和气孔率的计算，掌握莫来石的表征方法。

二、实验原理

莫来石是常用来生产一般耐火材料的铝硅酸盐材料，常压条件下，仅在 $Al_2O_3 \cdot SiO_2$ 体系中才存在其稳定晶相。莫来石的化学组成范围为从 $3Al_2O_3 \cdot SiO_2$ 到接近 $2Al_2O_3 \cdot SiO_2$。其晶体属于斜方晶系，除非在无液相的条件下烧结，通常晶体都为拉伸的针状结晶。一般来讲，莫来石是由各种天然形成的铝硅酸盐材料，诸如硅线石、蓝晶石或红柱石等，通过高温处理生产出来的。这些矿物因产地不同，其组成也不同，铝、硅比及微量杂质含量也不同。为确保获得莫来石最佳产量而进行的热处理，常常会导致产生大量的不均匀硅质玻璃。如加入铝矾土来提高 Al_2O_3 含量，则会混进如二氧化铁、氧化铁等杂质，实际上进一步改变了组分，会极大地影响耐火度。合成莫来石的高温性能不仅依赖于组成物（整个加工阶段中非常严格的质量控制）固有的高温稳定性，而且要求在转化过程期间，能够控制结晶的生长。莫来石的耐高温及物理损坏性能和它最初的结晶尺寸有直接关系，结晶大，可赋予耐火材料良好的性能，这也是高温处理过程的作用。

晶体的增长依赖于原料的整体性、混合料的均匀性和混合料在高温下的停留时间。通过对莫来石合成工艺、方法、原料的选择等方面的调控，并优化其微观结构（通过改变粒度、外形、组成、基质分布、界面特征，以及其他方面来控制其微观结构或性能），可以使其性能满足所需要的标准和要求。莫来石主要的合成方法有醇盐沉淀法、化学湿混法、溶胶法及烧结法、结合反应法等。电熔法合成的莫来石晶粒生长良好，呈针状或柱状，解理明显，易于破碎。烧结法合成的莫来石晶粒细小，通常呈粒状，无明显解理存在，破碎比较困难。莫来石可以采用工业原料合成，也可以采用天然矿物原料合成。采用工业原料合成的莫来石纯度较高，而采用天然矿物原料合成的莫来石通常含有较多的杂质。为了降低莫来石的合成温度，常采用如下两条途径：

① 湿化学方法。主要通过 sol-gel 法来制备颗粒尺寸更小，反应活性及混合性更好的莫来石先驱体，主要以正硅酸乙酯和硝酸铝为起始原料，以实现莫来石的低温合成。这种双相凝胶的莫来石生成反应一般认为按以下两条途径进行：一是由无定形 SiO_2 和过渡态 Al_2O_3 反应；二是凝胶首先在 1000 ℃生成 Al-Si 尖晶石相，然后在 1200 ℃以上同无定形 SiO_2 反应生成莫来石。

② 固相合成法。通过加入 LiF、AlF_3、V_2O_5 等添加剂来实现莫来石的低温合成。虽然采用 sol-gel 法能较大程度地降低莫来石的合成温度，但是工艺参数不易控制，生产周期长，难以达到规模化生产的要求。固相反应：当加热到一定温度时，反应物开始呈现显著扩散作用，发生物质迁移和传递的过程，反应物之间直接进行化学反应。合成莫来石的固相反应主要有一次莫来石化反应和二次莫来石化反应。用不同原料合成莫来石所发生的固相反应也不尽相同，如用氧化铝和高岭土作原料，固相反应主要有一次莫来石化和二次莫来石化反应。固相合成莫来石主要依靠 Al_2O_3 与 SiO_2 之间的固相反应来完成，提高原料的细度，将会加速固相反应的进程，改善烧结特性。因为，粉料在粉碎与研磨过程中消耗的机械能，以表面能的形式储存在粉体中，使粉状材料与同质量的块体材料相比具有极大的比表面积，相应的，粉料也具有很高的比表面能，此外，粉碎和研磨也会引入晶格缺陷，使得粉料具有较高的活性。随着粉料的颗粒尺寸减小，强键分布曲线变平，弱键比例

增加，反应和扩散能力增强。

本实验以廉价的 α-Al$_2$O$_3$ 和硅灰为起始原料，通过加入 V$_2$O$_5$、CaF$_2$、MgF$_2$ 等添加剂来实现固相合成莫来石。

三、主要试剂与仪器

化学试剂：α-Al$_2$O$_3$，硅灰（SiO$_2$），无水乙醇，五氧化二钒，氟化镁，氟化钙，蒸馏水。

仪器设备：有机玻璃球，研钵，坩埚，干燥器，真空泵，溢流管，电动搅拌机，鼓风干燥箱，数显恒温水浴锅，高温煅烧炉，X射线衍射仪，扫描电子显微镜，电子天平；透射电子显微镜。

四、实验步骤

1. 莫来石粉体的制备

① 粉体制备。按 Al$_2$O$_3$：SiO$_2$＝3∶2（物质的量之比）称取一定量的 α-Al$_2$O$_3$ 和硅灰（SiO$_2$），另外分别加入质量分数为 2 %（相对于上述粉体）的添加剂（V$_2$O$_5$、MgF$_2$、CaF$_2$），溶于一定量无水乙醇中（达到混合效果即可），搅拌混合均匀。静置 8 h 后在 78 ℃水浴下加热蒸干乙醇。

② 粉体研磨。将上述粉体放入金属研钵内，用有机玻璃球进行手工研磨，研磨 15 min。

③ 粉体煅烧。将研磨后的固体复合物置于坩埚，并送入高温煅烧炉中，煅烧温度在 1000～1500 ℃之间。保温 6 h，然后按 5 ℃/min 的速率降温至 200 ℃以下后自然冷却至室温，得到终产物。

2. 莫来石粉体体积密度和气孔率测试及形貌表征

（1）体积密度测试

① 试样质量的测定。试样称重前先把其表面附着的灰尘及细碎颗粒刷净，在鼓风干燥箱中于（110±5）℃烘干 2 h 或在允许的更高温度下烘干至恒温，并于干燥器中自然冷却至室温，称量每个试样的质量，精确至 0.01 g。

② 浸渍。将试样放入容器中，并置于抽真空装置中，抽真空至剩余压力小于 20 mmHg（1 mmHg＝133.32 Pa），试样在此真空度下保持 5 min，然后在 5 min 内缓慢注入供试样吸收的蒸馏水，直至试样完全被淹没。再保持抽真空 5 min，然后停止抽气，将容器取出在空气中静置 30 min。

③ 饱和试样表观质量的测定。将饱和试样迅速移动至带溢流管容器的浸液中，当浸液完全淹没试样后，将试样吊在天平的挂钩上称量，精确至 0.01 g。

④ 饱和试样质量的测定。从浸液中取出试样，用毛巾小心地擦去试样表面多余的液体（但不要把气孔中的液体吸出），迅速称量饱和试样在空气中的质量，精确至 0.01 g。

⑤ 气孔率、体积密度的计算公式分别如下：

气孔率（P_a）

$$P_a = \frac{m_3 - m_1}{m_3 - m_2} \times 100\ \%$$ (1)

体积密度（D_b）

$$D_b = \frac{m_1 D_1}{m_3 - m_2}$$ (2)

式中，m_1 为干燥试样质量，g；m_2 为饱和试样的表观质量，g；m_3 为饱和试样在空气中的质量，g；D_1 为实验温度下，浸渍液体的密度，g/cm^3。

在体积密度和气孔率的测定中，因为莫来石在常温下置于水中，不会对其物理和化学性质产生根本性的改变，所以本次测定过程中，浸渍液体选用水即可，所以式(2)就变为

$$D_b = \frac{m_1}{m_3 - m_2}$$ (3)

（2）莫来石粉体的表征

① X 射线粉末衍射（XRD）。通过对材料进行 X 射线粉末衍射，分析其衍射图谱，分析材料的成分和含量等。

② 扫描电子显微镜（SEM）。用 SEM 观察莫来石颗粒表面形貌。

③ 粒子尺寸测试。采用透射电子显微镜测量粒子尺寸。

五、实验结果和处理

1. 分析添加剂 V_2O_5、CaF_2、MgF_2 对固相合成莫来石粉体的影响。

2. 分析不同添加剂下的固相合成莫来石粉体的体积密度和气孔率。

六、思考题

1. MgF_2、CaF_2 和 V_2O_5 的熔点分别为 1266 ℃、1360 ℃和 690 ℃，不同添加剂对于莫来石的形成有什么作用？

2. 对于添加 MgF_2、V_2O_5 得到异常大的莫来石颗粒的现象，分析其原因。

─────────── 实验7 ───────────

固相烧结法制备 BaTiO$_3$（BTO）陶瓷材料

一、实验目的

1. 了解钛酸钡的物理性质。

2. 掌握钛酸钡的固相烧结原理和方法。

二、实验原理

钛酸钡是电子陶瓷材料的基础原料，被称为电子陶瓷业的支柱。它具有高介电常数，

低介电损耗，优良的铁电、压电、耐压和绝缘性能，广泛应用于制造陶瓷敏感元件，尤其是正温度系数热敏电阻（PTC）、多层陶瓷电容器（MLCC）、热电元件、压电陶瓷、声呐、红外辐射探测元件、晶体陶瓷电容器、电光显示板、记忆材料、聚合物基复合材料以及涂层等。钛酸钡具有钙钛矿晶体结构，用于制造电子陶瓷材料的粉体粒径一般要求在 100 nm 以内。因此，$BaTiO_3$ 粉体粒度、形貌的研究一直是国内外关注的焦点之一。

固相烧结按其组元多少可分为单元系固相烧结和多元系固相烧结两类。单元系固相烧结是指纯金属、固定成分的化合物或均匀固溶体的松装粉末或压坯在熔点以下温度（一般为熔点温度的 2/3～4/5）进行的粉末烧结。单元系固相烧结（又称粉末单相烧结）过程除发生粉末颗粒间黏结、致密化和纯金属的组织变化外，不存在组织间的溶解，也不出现新的组成物或新相。

多元系固相烧结是指两种组元以上的粉末体系在其中低熔组元的熔点以下温度进行的粉末烧结。多元系固相烧结除发生单元系固相烧结所发生的现象外，还由于组元之间的相互影响和作用，发生一些其他现象。对于组元不相互固溶的多元系，其烧结行为主要由混合粉末中含量较多的粉末所决定，如铜-石墨混合粉末的烧结主要是铜粉之间的烧结，石墨粉阻碍铜粉间的接触而影响收缩，对烧结体的强度、韧性等都有一定影响。对于能形成固溶体或化合物的多元系固相烧结，除发生同组元之间的烧结，还发生异组元之间的互溶或化学反应。烧结体因组元体系不同，有的发生收缩，有的出现膨胀。异扩散对合金的形成和合金均匀化具有决定作用，一切有利于异扩散进行的因素，都能促进多元系固相烧结过程。如采用较细的粉末、提高粉末混合均匀性、采用部分预合金化粉末、提高烧结温度、消除粉末颗粒表面的吸附气体和氧化膜等。在决定烧结体性能方面，多元系固相烧结时的合金均匀化比烧结体的致密化更为重要。多元系固相烧结后既可得单相组织的合金，也可得多相组织的合金。

三、主要试剂与仪器

化学试剂：碳酸钡，二氧化钛，聚氯乙烯（PVC）。

仪器设备：马弗炉，管式炉，电子天平，不锈钢模具，粉末压片机，氧化铝坩埚，玛瑙研钵，干燥箱。

四、实验步骤

① 将碳酸钡和二氧化钛试剂放入干燥箱中 120 ℃干燥 2 h。

② 称取干燥的碳酸钡 2.0 g 和二氧化钛 0.8 g 放入玛瑙研钵中研磨。本实验在预烧前后有两次研磨，在压片前有一次研磨，研磨是为了将各种试剂混合均匀。

③ 将研磨后样品放入氧化铝坩埚中，并将坩埚放在马弗炉中。预烧温度梯度：从室温升温至 800 ℃（升温时间：2 h），然后保温 2 h，再自然降至室温。

④ 将预烧后样品研磨充分，放入氧化铝坩埚中，并将坩埚放在管式炉中间的 20～30 cm 处。烧结温度梯度：从室温升温至 1200 ℃（升温时间：4 h），保温 24 h 后，自然降至室温。

⑤ 烧结后的样品重新研磨，加适量黏结剂 PVC，分别采用不同压力（分别为 8 MPa、12 MPa、16 MPa）、不同压力保持时间（30 s、90 s、180 s）对各样品的预烧混合物进行

压片，将其压成直径为 12～13 mm、厚度为 1.5～2 mm 的薄片。

⑥ 将样品放入氧化铝坩埚中，并将坩埚放在管式炉中间的 20～30 cm 处。烧结温度梯度：从室温升温至 1400 ℃（升温时间：6 h），保温 6 h 后，自然降至室温，即可得 BTO 陶瓷材料样品。

⑦ 将烧结好的样品利用阿基米德法测量其致密度。

五、实验结果和处理

将实验结果记录在表 1 中。

表 1　实验数据记录表

时间	8 MPa	12 MPa	16 MPa
30 s			
90 s			
180 s			

六、思考题

1. 为什么要对碳酸钡粉体进行预烧结？
2. 碳酸钡的致密度如何测量？

实验 8

微乳液法合成 BaCrO$_4$ 纳米棒微阵列及表征

一、实验目的

1. 了解微乳液的组成及结构。
2. 学习并掌握微乳液法的原理及其在纳米材料合成中的应用。

二、实验原理

1943 年，Hoar 和 Schulman 首次发现了一种新分散体系：水和油与大量表面活性剂、助表面活性剂（一般为中等链长的醇）混合能自发地形成透明或半透明的体系。这种体系经确证也是一种分散体系，可以是油分散在水中（O/W 型），也可以是水分散在油中（W/O 型）。分散相质点为球形，但半径非常小，通常为 10～100 nm，是热力学稳定体系。1959 年，上述体系被命名为微乳状液或微乳液。

微乳液一般由表面活性剂、助表面活性剂、油和水组成，有些体系中可以不加助表面活性剂。表面活性剂由非极性的链尾和极性的头基两部分组成，非极性部分是直链或支链的碳氢链或碳氟链，它们与水的亲和力极弱，与油有较强的亲和力，因此被称为憎水基或亲油基。极性头基为正、负离子或极性的非离子，它们通过离子-偶极或偶极-偶极作用与水分子发生强烈相互作用并且是水化的，因此被称为亲水基或头基。这类分子具有既亲水又亲油的双亲性质，因此又称为双亲分子。由于双亲性质，这类物质趋向于富集在水/空气界面或油/水界面从而降低水的表面张力和油/水界面张力，因而具有表面活性。在溶液中，当浓度足够大时，这类双亲分子则趋向于形成聚集体，即胶团或胶束。

助表面活性剂是具有与表面活性剂类似结构的物质，如低分子量的醇、酸、胺等也具有双亲性质，也是双亲物质。但由于亲水基的亲水性太弱，它们不能与水完全混溶，因而不能作为主表面活性剂使用。通常它们（主要是分子量低的中等碳链的脂肪醇）与表面活性剂混合组成表面活性剂体系，如正丁醇、正戊醇、正己醇、正庚醇、正辛醇、正癸醇、正十二醇等。助表面活性剂在微乳液形成过程中主要起降低界面张力、降低界面的刚性和微调表面活性剂的亲水亲油平衡值（HLB）的作用。因此，选择合适的助表面活性剂，可以使微乳液的形成速率加快，制得的液滴更均匀。

在溶液中，作为第三相的表面活性剂形成的混合膜具有两个面，分别与水和油接触。正是这两个面分别与水、油的相互作用的相对强度决定了界面的弯曲及其方向，因而决定了微乳液体系的类型。

用来制备纳米粒子的微乳液往往是 W/O 型体系。微乳液中的反应都发生在水核内部，水核的大小最终控制了产物的粒径，所以衡量水核大小的参数对于微乳液法合成胶体粒子非常重要。对于反相（W/O 型）微乳液体系，根据几何模型可以计算微乳液体系的结构参数。这些计算主要基于下述假设：①假定水核是球形的；②表面活性剂全部位于油和水的界面上，助表面活性剂分布于界面上或油相中；③水全部处于水核内部，溶解于油相中的数量可以忽略不计；④分散相是由大小相等、高度分散的质点组成。

若水核半径为 R_w，则微乳液中水的总体积为：

$$V_w = \frac{4}{3}\pi R_w^3 N_d \tag{1}$$

式中，N_d 为体系中的胶束总数。

水核的总面积为：

$$A_w = 4\pi R_w^2 N_d \tag{2}$$

因此水核半径：

$$R_w = 3\frac{V_w}{A_w} \tag{3}$$

而水的总体积：

$$V_w = N_A V_{aq} [\mathrm{H_2O}] \tag{4}$$

式中，N_A 为阿伏伽德罗（Avogadro）常数；V_{aq} 是每个水分子的体积，约等于 30 Å³（1 Å＝0.1 nm）；[$\mathrm{H_2O}$] 是体系中水的物质的量。

当水核足够大时，表面活性剂和助表面活性剂在界面上紧密堆积，水核的总面积（A_w）应该近似等于表面活性剂和助表面活性剂的极性头基截面面积之和，即

$$A_w = (n_s A_s + n_c A_c) N_A \tag{5}$$

式中，A_s、A_c 分别为表面活性剂和助表面活性剂每个极性头基的面积，对于 AOT 分子，A_s 约为 60 Å²；n_s 和 n_c 分别为表面活性剂和助表面活性剂在界面上的物质的量。

则可得到水核半径与体系中水含量的关系：

$$R_w = \frac{(3[\mathrm{H_2O}])V_{aq}}{(A_s[\mathrm{S}] + A_c n_c)} \tag{6}$$

若 W/O 型微乳液体系中的水含量 ω 定义为体系中水的物质的量 $[H_2O]$ 与表面活性剂的物质的量 $[S]$ 之比，即

$$\omega = \frac{[H_2O]}{[S]} \tag{7}$$

则在不加助表面活性剂的情况下，上式可简化为：

$$R_w = 3\omega \frac{V_{aq}}{A_s} \tag{8}$$

三、主要试剂与仪器

化学试剂：二（2-乙基己基）磺基琥珀酸钠（NaAOT），铬酸钠，氯化钡，异辛烷。

仪器设备：分析天平（0.0001 g），高速离心机，真空干燥箱，旋转蒸发仪，玻璃容器等，X 射线衍射仪，透射电子显微镜，孔径 0.22 μm 耐溶剂滤膜。

四、实验步骤

1. 样品的制备

（1）$Ba(AOT)_2$ 的制备

用直接沉淀法制备 $Ba(AOT)_2$。配制 0.01 ％（质量分数）的 NaAOT（0.0225 mol/L）溶液，将其与等体积的氯化钡溶液（0.027 mol/L）混合，离心分离，洗涤得到白色 $Ba(AOT)_2$ 沉淀，再将其置于真空干燥箱中干燥。然后将其溶于异辛烷中（质量比为 1∶6），用 0.22 μm 的耐溶剂滤膜过滤，再用旋转蒸发仪蒸发干燥备用。

（2）$BaCrO_4$ 的制备

取 0.18 mL Na_2CrO_4 水溶液（0.02～0.50 mol/L，pH＝9），在搅拌下加入 10 mL 溶于异辛烷的 NaAOT（0.1 mol/L）溶液中，得到黄色微乳液，水与表面活性剂的物质的量之比是 10（$\omega=[H_2O]∶[NaAOT]=10$）。取少量溶于异辛烷的 $Ba(AOT)_2$ 溶液（0.395 mL，0.05 mol/L，$\omega<1$）加入 10 mL 含铬酸盐的微乳液中使得 NaAOT 与 $Ba(AOT)_2$ 的最终物质的量之比为 10∶1。在此条件下，通过改变微乳液水相中 Na_2CrO_4 的浓度可系统调节 Ba^{2+} 与 CrO_4^{2-} 的物质的量之比在 5.5∶1 到 1∶4.6 之间变动。

2. $BaCrO_4$ 的表征

纳米材料的表征主要是围绕晶体组成和纯度、粒子尺寸和一维产物的生长方向等方面进行。

① 晶体结构测试。采用 X 射线衍射仪研究产物的晶体结构。

② 粒子尺寸测试。采用透射电子显微镜测试粒子尺寸。

③ 生长方向的分析。采用电子衍射与高分辨像，二者相结合可分析一维产物的生长方向。

五、实验结果与讨论

改变原料配比、浓度等实验条件，研究其对 $BaCrO_4$ 形貌的影响，并加以讨论。

六、思考题

1. W/O 型微乳液中对水的用量是否有要求？
2. 铬酸钡晶体的晶相对产物的形貌是否有影响？
3. 为什么铬酸钡纳米棒能够自组装成阵列？
4. 是否可用此反应合成一维形貌的 $BaMoO_4$ 或 $BaWO_4$ 及其他盐类？为什么？

实验 9

液相法制备石墨烯

一、实验目的

1. 了解石墨烯的结构和形状。
2. 熟悉石墨烯的制备方法。

二、实验原理

碳材料是一类应用广泛的共价晶体材料，人们耳熟能详的碳材料主要包括石墨和金刚石。近年来，一些性能优异的单质碳材料被相继发现。例如，1985 年人们发现了性能优异的富勒烯，1991 年进一步发现了碳纳米管。2004 年英国曼彻斯特大学的 Geim 和 Novoselov 首次制备了石墨烯，并因此共同获得了 2010 年的诺贝尔物理学奖。自此以后，关于富勒烯、碳纳米管和石墨烯的相关研究一直是科学研究的热点之一，特别是关于石墨烯的研究。

石墨烯是至今发现的厚度最薄和强度最高的材料。石墨烯是由碳原子构成的二维晶体，厚度只有一个原子的厚度，如图 1 所示。石墨烯具有优异的电子及机械性能，可以作为构筑零维富勒烯、一维碳纳米管、三维石墨等 sp^2 杂化碳的基本结构单元。因此，关于石墨烯的制备、性质和应用方面的研究吸引了化学和材料等领域科学家的高度关注。石墨烯的理论比表面积高达 2600 m^2/g，具有突出的导热性能 [3000 $W/(m \cdot K)$] 和力学性能 (1060 GPa)，以及室温下较高的电子迁移率 [15000 $cm^2/(V \cdot s)$]。

石墨烯的制备方法有很多，其中以石墨为原料，通过氧化-分散-还原的方法制备是目前应用最广泛的方法之一。石墨是一层层的单个碳原子层通过范德华力结合而成的层状单质碳。很早以前，就出现了利用插层法在石墨的片层之间插入某些原子或者小分子来制备石墨层间化合物的研究。如果插入的物质破坏片层之间的范德华力而使之分离，则可以得到单层的碳原子层，也就是石墨烯。氧化-分散-还原法是利用强质子酸（如浓硝酸或者浓硫酸等）处理石墨，形成石墨层间化合物，然后加入强氧化剂（如高锰酸钾或者氯酸钾等）对其进行氧化，破坏石墨层间的范德华力，利用超声分散等手段使碳原子片层彼此分开，从而得到氧化石墨烯。最后，利用还原剂（如硼氢化钠、对苯二酚或者水合肼等）把

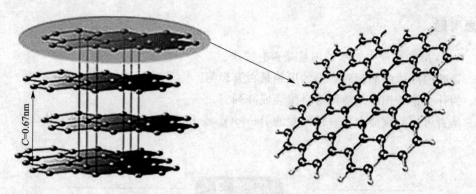

图 1　石墨（左）和单原子石墨烯（右）

氧化石墨烯还原而得到石墨烯。在此制备过程中，氧化型石墨的制备是关键。通常，制备氧化型石墨样品的过程大致可分为 3 个阶段：其一是低温反应阶段，即在冰水浴中控制氧化反应的速率，得到紫绿色的溶液；其二是中温反应阶段，即将冰水浴换成温水，控制温度在 30～40 ℃，继续发生氧化反应，溶液为紫绿色；其三是高温反应阶段，即稀释反应产物，保持温度在 70～100 ℃，缓慢加入一定量的双氧水（5 ％）进行高温反应，此时溶液变成金黄色。本实验采用石墨作为原料，利用液相法制备石墨烯。

三、主要试剂与仪器

化学试剂：石墨（天然鳞片石墨），浓硫酸，硝酸钠，高锰酸钾，水合肼（50 ％），H_2O_2（5 ％），NaOH 溶液，蒸馏水。

仪器设备：电子天平，烧杯，恒温磁力搅拌器，量筒，布氏漏斗，抽滤瓶，循环水泵，电热恒温干燥箱，超声波分散仪。

四、实验步骤

① 把 1 g 石墨、24 mL 浓硫酸放入烧杯中，然后加入 0.5 g 硝酸钠，搅拌 30 min。

② 缓慢加入 3 g 高锰酸钾（控制温度低于 20 ℃）后，继续搅拌 60 min，接着在 40 ℃水浴中恒温搅拌 60 min，溶液变黏稠，呈紫绿色。

③ 缓慢加入蒸馏水，将反应液稀释至约 200 mL，把温度升至 80 ℃，约 5 min 后，加入 5 ％的双氧水约 6 mL，得到亮黄色溶液。

④ 将亮黄色溶液减压过滤，并用大量蒸馏水洗涤，得到氧化型石墨样品。

⑤ 取 0.05 g 氧化型石墨样品，加入 100 mL 氢氧化钠（pH＝11）溶液，150 W 功率下超声分散 90 min，加热至 60 ℃（可以观察到溶液表面的氧化型石墨烯薄膜），加入 0.5 mL 水合肼，轻微搅拌，恒温反应 120 min，得到石墨烯分散液。

⑥ 减压过滤，并用蒸馏水洗涤，收集产物，在 80 ℃下干燥 24 h，得到石墨烯样品。

五、注意事项

1. 要使用天然鳞片石墨，如使用其他石墨，产物质量不高。

2. 高锰酸钾需要缓慢加入，可以通过冰水浴的形式控制溶液温度，以免反应过于激烈。

3. 超声分散后的溶液可以在 4000 r/min 下离心 3 min，以除掉少量未剥离的氧化型石墨。

4. 加双氧水是为了还原 MnO_4^-，去除其颜色，从而显示出氧化型石墨样品的金黄色，多加一些双氧水并不影响反应过程（实际操作中可以以溶液的变色为标准来确定其用量），反应得到的氧化型石墨为胶体溶液，因此溶液会变得黏稠。

$$6H^+ + 2MnO_4^- + 5H_2O_2 = 5O_2 + 2Mn^{2+} + 8H_2O$$

六、思考题

1. 加入双氧水的目的是什么？

2. 查阅资料，还原过程中还原剂的用量、还原时间以及还原温度对产物石墨烯的结构有何影响？

实验 10

化学气相沉积制备氧化锌纳米线

一、实验目的

1. 掌握 CVD 法制备 ZnO 纳米线的实验原理。
2. 掌握气相法生长一维 ZnO 纳米线的生长机理和表征方法。

二、实验原理

ZnO 是一种宽禁带半导体材料，具有优异的压电、光电性能，高化学与力学稳定性以及具有很大的激子束缚能，室温下为 60 MeV，易在室温实现高效率的激子发射。ZnO 一维纳米材料具有奇特的结构与物理性能，常见的制备方法有模板合成法、湿化学方法（水热法）、气相合成法、电化学合成法、络合离子法和热氧化法等。本实验用常用的化学气相沉积法（chemical vapor deposition，CVD）制备 ZnO 纳米线。

化学气相沉积是一种化学气相生长法，它是借助空间气相化学反应在衬底表面上沉积固态物质的工艺技术。其原理是在适当的高温和一定氧比例的动态低真空环境下，使 Zn 粉气化为气相原子，并与活性气态氧原子进行化学反应生成 ZnO。在硅或玻璃衬底表面或预先制备的 ZnO 薄膜过渡层上形成晶核后，进一步吸附气相 Zn 原子氧化生长成 ZnO 纳米线。

纳米线的生长可分气-液-固机理和气-固机理。气-液-固机理认为杂质能与体系中的其他组分一起，在较低的温度下形成低共熔的触媒液滴，从而在气相反应物和基体之间形成一个对气体具有较高容纳系数的 V-L-S 界面层。该界面层不断吸纳气相中的反应物分子，在达到了适合纳米线生长的过饱和度后，界面层在基体表面析出晶体，形成晶核。随着界面层不断吸纳气相中的反应物分子和在晶核上进一步析出晶体，纳米线不断地向上生长，并将圆形的低共熔液滴向上抬高，一直到冷却后形成按 V-L-S 机理生长的纳米线的凝固液滴。气-固纳米线生长机理是通过气-固反应成核生长形成纳米线。纳米线的轴必须与位错的伯格斯矢量平行。纳米线生长所需的先决条件是：①氧化或活化的气氛，②表面有小的凸出物，③存在位错（特别是螺旋位错）。当满足这些条件后，在合适的温度下，活性气氛将吸附于凸出物（或小的颗粒）在表面形成晶核，晶核伴随体系中的热起伏继续生长或分解，当达到某一临界值时，晶核稳定地沿着位错的伯格斯矢量方向生长形成纳米线。

三、主要试剂与仪器

化学试剂：衬底为沉积有 ZnO 薄膜过渡层的 p 型（100）Si 单晶片和无过渡层的 p 型（100）Si 单晶片及普通玻璃片，纯 Zn 粉。

仪器设备：ZnO 纳米线生长炉，超声波清洗器，扫描电子显微镜，透射电子显微镜，X 射线衍射仪，比表面分析仪。

四、实验步骤

纳米 ZnO 的制备装置可采用管式炉。参考装置如图 1 所示。

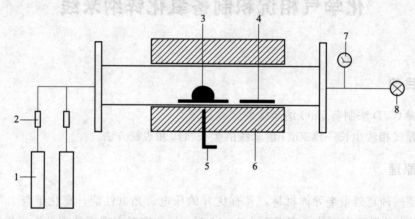

图 1　ZnO 纳米线生长装置示意图

1—气瓶；2—流量计；3—Zn 粉；4—基片；5—热电偶；6—管式炉；7—真空表；8—真空泵

1. ZnO 纳米线的制备

首先利用超声波清洗器将 Si 单晶衬底及玻璃衬底作净化处理并将衬底放在 Zn 粉的附近，距离 4～7 mm 远。打开真空泵给系统抽真空，真空压力为 3 Pa，然后打开钢瓶通入流速为 50 mL/min 的氩气（纯度为 99.99 %）和流速为 80 mL/min 的空气，反应室温度采用热电偶测量进行控制。维持整个系统压力在 20 Pa 左右。然后系统以 25 ℃/min 升温到 480 ℃至 570 ℃之间，保温 60 min 后系统冷却至室温，取出样品。

2. ZnO 纳米线的测试表征

ZnO 纳米线的测试表征：可采用扫描电子显微镜、透射电子显微镜对材料的表观形貌进行表征，采用 X 射线衍射仪对材料的晶体结构进行表征，采用比表面分析仪测定

ZnO 纳米线的比表面积。

五、实验结果与讨论

1. 采用固定温度的办法，研究温度对纳米线制备的影响。
2. 改变基片与 Zn 粉之间的距离，研究其对纳米线形成性能的影响。
3. 调整真空度，研究其对纳米线形成的影响作用。

六、思考题

1. 影响 ZnO 纳米线性能的因素有哪些？
2. 什么因素决定着纳米线是否能够形成？
3. 空气的流速对 ZnO 纳米线的制备有何影响？

实验 11

水热法制备氢氧化钴

一、实验目的

1. 了解水热法的基本概念及特点。
2. 掌握高温、高压下水热法合成纳米材料的原理及操作注意事项。
3. 了解纳米晶体结构与形貌的表征手段。

二、实验原理

"水热"一词原本用于地质学中描述地壳中的水在温度和压力联合作用下的自然过程，以后应用到沸石分子筛和其他晶体材料的合成，因此越来越多的化学过程也广泛使用这一词汇。水热与溶剂热合成是无机合成化学的一个重要分支，是一种制备粉体的先进方法。

水热法又称热液法，属液相化学法的范畴，是指在密封的压力容器中，采用水溶液为反应介质，通过对反应容器加热，创造出一个高温、高压的反应环境，使通常难溶或不溶的物质溶解并且重结晶的一种液相合成法。在水热条件下，水既作为溶剂又作为矿化剂，在液态或气态时还是传递压力的媒介。由于在高压下绝大多数反应物都能部分溶解于水，从而促使反应在液相或气相中进行。此方法适合复合氧化物、难溶物质以及高温时不稳定物相的合成。

水热法的原理：常用氧化物、氢氧化物或凝胶体作为前驱体，以一定的填充比加入高压釜，它们在加热过程中溶解度随温度的升高而增大，最终导致溶液过饱和，并逐步形成更稳定的新相。反应过程的驱动力是可溶的前驱体或中间产物与最终产物的溶解度差，即反应向着吉布斯自由能减小的反应进行。

水热法的特点：①原料廉价易得，能耗相对较低；②工艺简单易操作，过程污染少；

③通过调节溶液的组成浓度、pH、反应温度和压力等因素可获得不同的晶体结构、组成、形貌和粒径的产物；④产品纯度较高、颗粒均匀、结晶良好、无需高温烧结处理，避免了粉体团聚。

在水热法基础上，用有机溶剂代替水做介质，在新的溶剂体系中产生一种新的合成途径，即溶剂热法，能够实现通常条件下无法实现的反应，包括制备具有亚稳定结构的纳米微粒。用非水溶剂合成技术能减少或消除硬团聚，通过改变反应条件，如反应温度、反应物浓度、反应时间、溶剂类型以及矿化剂等，可以对产物的物相、尺寸和形貌进行调控。

钴，作为地球上资源储量丰富的元素之一，其单氧化物形式如四氧化三钴具有高效的析氧催化活性，具有成本低、储量多以及催化性能好等优势。钴的氧化物、氢氧化物、氰化物以及钴的负载混合材料成为电化学领域新的研究热点。氢氧化钴添加到 $Ni(OH)_2$ 电极中，可提高电极的导电性和可充电性。本实验采用水热法合成 $Co(OH)_2$，探讨不同浓度、温度和时间对产物的含量和形貌的影响。

三、主要试剂与仪器

化学试剂：乙酸钴 $[Co(CH_3COO)_2 \cdot 4H_2O]$，丙三醇，尿素，蒸馏水，无水乙醇。

仪器设备：电子天平，烘箱，反应釜（聚四氟乙烯内衬），超声波清洗器，洗耳球，量筒，烧杯（100 mL），离心机，隔热手套，离心管，滴管，废液杯。

四、实验步骤

① 量取 7.5 mL 丙三醇和 22.5 mL 蒸馏水置于 100 mL 烧杯中形成混合溶液。

② 分别称取 0.25～1.25 g 的乙酸钴及 0.41 g 尿素溶于上述混合溶液中，经过超声分散形成均匀溶液。

③ 将溶液转入 100 mL 的水热反应釜中。放置于烘箱中，加热升温，烘箱温度升到 150～200 ℃，保温 1～2 h。

④ 停止加热后，使用隔热手套将反应釜取出并自然冷却至室温后打开反应釜，取出产物。

⑤ 离心分离得到粉末样品，离心速率为 4000 r/min，离心时间为 2 min（装取量不超过离心管的 2/3、对称位置质量差需小于 0.1 g）。

⑥ 将产物加蒸馏水后超声分散，离心分离，用滴管转移上层分离液置于废液杯中。

⑦ 再用无水乙醇按上述操作洗涤 2～3 次，最后在 60 ℃烘箱中干燥，得到样品。

⑧ 观察产物颜色，称量，并计算产率。

⑨ 采用 X 射线粉末衍射（XRD）对产品的晶体结构进行表征，采用扫描电子显微镜（SEM）对产品的晶体形貌进行观察，总结实验条件（前驱体浓度、水热温度和时间）对产率、形貌和结构类型的影响规律。

五、思考题

1. 水热法制备过程中水的作用有哪些？
2. 前驱体浓度、水热温度和时间对晶粒大小的影响是什么？
3. 至少举出三种无机纳米材料的合成方法。

直接沉淀法制备白炭黑

一、实验目的

1. 掌握直接沉淀法制备白炭黑的原理和实验方法。
2. 熟悉纳米粒子粒径检测的主要方法。

二、实验原理

　　白炭黑是细微粉末状或超细粒子状无水及含水二氧化硅或硅酸盐类的通称。平时所称的白炭黑为水合硅酸或者沉淀水合二氧化硅（$SiO_2 \cdot nH_2O$），是一种化学合成的无色、无毒、粉状无定形的硅酸产品。其中 SiO_2 的含量较大（>90 ％），原始粒径一般为 $10\sim40$ nm。

　　白炭黑作为炭黑的替代品，在化工和轻工业，例如橡胶、塑料、造纸、涂料、化妆品、油墨、牙膏及农药等中具有广泛的应用。其中，最大的用途是作为橡胶的补强填料和牙膏的摩擦剂与增稠剂。白炭黑的粒径是影响其产品质量的主要因素之一。

　　目前，白炭黑的生产方法总的来说有两种：沉淀法和气相法。沉淀法制备白炭黑历史悠久，19 世纪即有相关应用。经过一百多年的发展，沉淀法仍然是白炭黑制造产业的首选方案。目前全球白炭黑需求量为 500 万吨以上，其中沉淀法制备的白炭黑占需求总量的 90 ％。根据生产方式的不同，沉淀法又可以分为溶胶法、酸-盐析沉淀法、凝胶化法。

　　本实验采用酸-盐析沉淀法制备白炭黑。采用硅酸钠（Na_2SiO_3）经过溶解稀释后与无机酸（盐酸）混合，通过盐酸沉淀法制备白炭黑，即由水玻璃通过酸化获得疏松、细分散、以絮状结构沉淀出来的水合二氧化硅粉体。

$$Na_2SiO_3 + 2HCl =\!=\!= H_2SiO_3 + 2NaCl$$
$$H_2SiO_3 + (n-1)H_2O =\!=\!= SiO_2 \cdot nH_2O$$

　　由于反应过程中极易形成凝胶，所以需要在溶液里事先加入一定量的无机钠盐如氯化钠（NaCl）溶液（引进阳离子，可以降低体系的电位，起到有机絮凝剂的辅助作用，减弱静电作用，促进胶体溶液 $SiO_2 \cdot nH_2O$ 粒子互相分散成稳定状态），作为絮凝剂（能够将溶液中的悬浮微粒聚集联结形成粗大的絮状团粒或团块的助剂）避免生成凝胶，从而沉淀出水合二氧化硅，过滤、洗涤、干燥得到白炭黑成品。

　　本实验中以水玻璃（$Na_2SiO_3 \cdot 9H_2O$）作为制备白炭黑的硅源，其浓度对白炭黑成品有着重要影响。实验共设计了 0.1 mol/L、0.15 mol/L、0.2 mol/L、0.3 mol/L 四个不同浓度的硅酸钠溶液方案。通过进一步控制加酸速率（1 滴/s、2 滴/s、3 滴/s）、陈化时间（30 min、45 min、60 min）、反应温度（60 ℃、70 ℃、80 ℃、90 ℃）、NaCl 加入量（2 g、2.5 g、3 g）和最终溶液 pH 值（5～6、7～8、9～10），探讨其对白炭黑的产率、粒径和形状的影响。

三、主要试剂与仪器

化学试剂：九水合硅酸钠（$Na_2SiO_3 \cdot 9H_2O$），浓盐酸（HCl），氯化钠（NaCl），蒸馏水，去离子水，无水乙醇。

仪器设备：恒温磁力搅拌器（带水浴），磁子，量筒（50 mL 和 10 mL 各一个），烧杯（150 mL，两个），圆底烧瓶（250 mL，双颈或者三颈），玻璃棒，电子天平，称量纸，恒压滴液漏斗，球形冷凝管，烘箱，台式高速离心机，pH 试纸，表面皿，研钵，超声波分散仪。

四、实验步骤

① 称取 4.5 g 九水合硅酸钠，加入装有约 45 mL 蒸馏水的圆底烧瓶中，搅拌溶解，配制成质量浓度约为 12 ％的硅酸钠溶液，然后在 80 ℃下水浴恒温 10 min。

② 量取去离子水约 10 mL，倒入装有 2.5 g 氯化钠的烧杯中，搅拌得到浓度约为 20 ％的 NaCl 溶液。

③ 用量筒量取 20 mL 蒸馏水倒入一个烧杯中，加入 10 mL 浓盐酸，搅拌得到浓度约为 20 ％的稀盐酸。

④ 在硅酸钠溶液中边搅拌边加入 20 ％的 NaCl 溶液，然后逐滴滴加配制的稀盐酸，当溶液中出现絮状沉淀（pH 约为 7～8）时停止加入盐酸，80 ℃下水浴恒温静置（陈化）30 min。

⑤ 陈化后，用一定量的蒸馏水搅拌洗涤，然后用台式高速离心机离心分离产物，重复洗涤沉淀 3 次。最后，用无水乙醇洗涤沉淀一次。

⑥ 所得产物在 120 ℃下烘干，研磨得到产品白炭黑。观察产物色泽，用手戳捏产物，感觉产物粒子的粗细大小，称重并拍照。

⑦ 计算产物的理论产量和产率。

⑧ 将白炭黑用无水乙醇超声分散，利用水和粒径仪测量其颗粒尺寸。

五、注意事项

1. 盐酸的滴加速率要控制好，过快地加入盐酸容易形成凝胶，从而使实验难以继续进行。

2. 反应温度要控制在 65～85 ℃之间，温度过低容易出现絮状沉淀。

3. 如产物量较多，可取适量产物干燥以缩短时间。

六、思考题

1. 实验过程可以分为哪几个主要步骤？其相应操作过程需要注意避免哪些不规范操作？

2. 查阅文献资料，了解在使用盐酸沉淀法制备白炭黑过程中，哪些因素可有效控制产物的尺寸大小。

实验 13

模板法制备介孔氧化铝及其比表面积与孔径尺寸测试

一、实验目的

1. 了解有序介孔材料的特点及应用。
2. 掌握模板法制备有序介孔材料的原理及方法。
3. 了解 BET 测试的原理及方法。
4. 掌握 BET 和 BJH 曲线的分析方法。

二、实验原理

1. 介孔材料的制备原理

通常将孔径在 $2\sim50$ nm 之间的多孔材料称为介孔材料。它具有比表面积高、孔体积较大、孔隙结构规整、结构多样、稳定性好、易功能化、成分丰富（如二氧化硅，金属及金属氧化物，碳）等优点，在吸附、分离、催化、药物传递、传感器、能源等多个领域有着广泛应用，如图 1 所示。

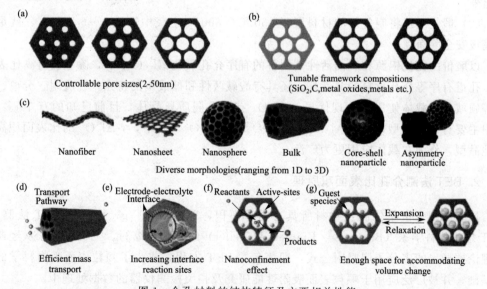

图 1 介孔材料的结构特征及主要相关性能

介孔材料主要采用模板法合成，具体分为：

（1）软模板法：通过两亲性分子（结构中含有亲水端和疏水链），如表面活性剂、长链聚合物和病毒等物质，在一定条件下自组装成胶束、乳液或囊泡，通过氢键、π-π 或配位键等作用吸附前驱体分子，并在两相界面处发生化学反应，其产物沿着模板定向成核、生长和排列，形成稳定的结构与形状，去掉模板剂后即可获得相应介孔材料，产品有SBA、MCM41 等系列介孔二氧化硅，其形成过程如图 2 所示。

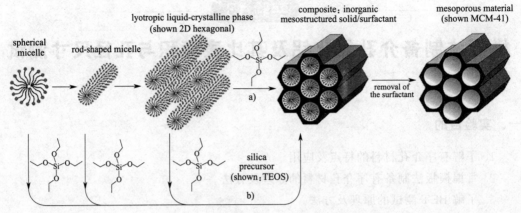

图 2　结构导向剂合成介孔材料示意图

（2）硬模板法：采用刚性粒子（如聚合物微球、无机粒子等）为硬模板，通过静电或范德华力等作用力形成刚性粒子-介孔导向剂复合模板，使前驱体材料均匀吸附于硬模板表面，再除去模板剂，形成空心结构。

（3）自模板法：前驱体材料既为模板剂，又作为反应物，控制其自组装过程，在壳层形成过程中不断被消耗，形成空心结构。

模板的去除方法有：

（1）萃取法：采用有机溶剂（如乙醇，酸性乙醇）在一定温度下回流，便可将模板萃取出来。

（2）煅烧法：将制备好的材料置于 450 ℃～600 ℃空气中煅烧 3～6 h 左右，就足以将模板安全除净。

以廉价的无机铝源和表面活性剂制备的有序介孔氧化铝（OMA），除了具有高比表面积、孔道有序等介孔材料的共性外，还具有酸碱两性和低成本的特点，在吸附、分离、催化等领域作为载体使用时表现优异。Al_2O_3 有许多同质异晶体，目前已知的有 10 多种，其中主要有 3 种晶型，即 α-Al_2O_3、β-Al_2O_3、γ-Al_2O_3。其中，γ-Al_2O_3 的比表面积高于其他晶型，作为在载体应用更为广泛。

2. BET 法测介孔比表面积原理

比表面积是指单位质量物料所具有的总面积，单位是 m^2/g，可采用 BET 法测量。BET 是三位科学家（Brunauer、Emmett 和 Teller）的首字母缩写，三位科学家从经典统计理论推导出的多分子层吸附公式，即著名的 BET 方程，成为了颗粒表面吸附科学的理论基础，并被广泛应用于颗粒表面吸附性能研究及相关检测仪器的数据处理中。

BET 理论认为，物理吸附是由范德华力引起的，由于气体分子之间同样存在范德华力，因此气体分子也可以被吸附在已被吸附的分子之上，形成多分子层吸附。BET 吸附等温方程：表示的是实际的吸附量 v 与单层饱和吸附量 v_m 之间的关系。

$$\frac{P}{v(P_0-P)}=\frac{1}{v_mC}+\frac{C-1}{v_mC}\cdot\frac{P}{P_0}$$

式中，P_0 为吸附温度下吸附质的饱和蒸气压；P 为氮气分压；v_m 为单分子层饱和吸附量；v 为单位质量样品表面氮气吸附量；C 为 BET 方程 C 常数。

测试样品在不同氮气分压下的多层吸附量 v，以 P/P_0 为 x 轴，$P/[v(P_0-P)]$ 为 y 轴，由 BET 方程做图进行线性拟合，得到直线斜率 $[m=(C-1)/(v_mC)]$ 和截距 $[b=1/(v_mC)]$，从而求出 v_m 值，根据单层原子数目和吸附质分子的截面面积（氮分子的截面面积为 $0.162\ \text{nm}^2$），得到氧化铝试样的比表面积。通常来说，BET 法测定比表面积的适用范围是吸附比压（P/P_0）在 $0.05\sim0.35$ 之间。

3. BJH 法测孔径及分布原理

气体吸附法孔径分布测定利用的是毛细凝聚现象和体积等效代换的原理，即以被测孔中充满的液氮量等效为孔的体积。吸附理论假设孔的形状为圆柱形管状，从而建立毛细凝聚模型。以 Keivin 方程为基础的 BJH 法，是与孔内毛细管凝聚现象相关的，可用于介孔分布分析。

由毛细凝聚理论可知，在不同的 P/P_0 下，能够发生毛细凝聚的孔径范围是不一样的，随着 P/P_0 值增大，能够发生凝聚的孔半径也随之增大。对应于一定的 P/P_0 值，存在一临界孔半径 r_c，半径小于 r_c 的所有孔皆发生毛细凝聚，液氮在其中填充，大于 r_c 的孔皆不会发生毛细凝聚，液氮不会在其中填充（也可以理解为对于已发生凝聚的孔，当压力低于一定的 P/P_0 时，半径大于 r_c 的孔中凝聚液将气化并脱附出来）。临界曲率半径 r_c 可由 Kelvin 方程给出：

$$\ln\frac{P}{P_0}=\frac{2\gamma v_{ml}}{rRT}$$

$$r_c=-\frac{2\gamma v_{ml}}{RT\ln\left(\dfrac{P}{P_0}\right)}=-\frac{0.414}{\lg\left(\dfrac{P}{P_0}\right)}$$

式中，r_c 是凝聚在孔隙中吸附气体的曲率半径（在上式中的数值单位已经换算为 nm）；γ 是液态凝聚物的表面张力（$0.0088760\ \text{N/m}$）；v_{ml} 是液态凝聚物的摩尔体积（$0.034752\ \text{L/mol}$）；R 是气体常数 $[8.314\ \text{J/(mol·K)}]$；$T$ 为分析温度（$77.35\ \text{K}$）；P 是氮气的吸附平衡压力（式中取值单位不限，但要与 P_0 单位保持一致）；P_0 是液氮温度下氮气的饱和蒸气压（压力单位不限）。

此公式只适用于液氮温度下（77K）氮气吸附的孔径分布计算。计算出的曲率半径 r_c 是 Kelvin 半径，实际孔半径为 Kelvin 半径加吸附层的厚度 t（液氮对固体是浸润的，因此毛细孔内会形成凹液面），如图3：

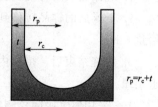

图3　孔径分布原理

多孔固体表面吸附气体后形成的液膜厚度与气体相对压力的关系是由样品性质决定的，不同样品其液膜厚度数学表达式可能不同，常用 Haley 方程描述。

$$t=0.354\left[\frac{-5}{\ln\dfrac{P}{P_0}}\right]^{1/3}$$

式中，t 为液膜厚度，nm；0.354 是单层液氮膜的厚度值。

对于圆柱状孔，其半径（写为 r_p 表示，单位为 nm）可由已经算得的膜厚和曲率半径加和得到，即由公式 $r_p=r_c+t$ 计算得到，由两相邻压力计算得到的孔半径计算孔平均半径。圆柱状孔的直径（d_p，单位为 nm）由公式 $d_p = 2r_p$ 得到。

理论和实践表明，当 $P/P_0 > 0.4$（对应孔半径 > 1.7 nm）时，毛细凝聚现象才会发生，通过测定出样品在不同 P/P_0 下凝聚氮气量，可绘制出其等温吸脱附曲线，通过BJH法计算出其孔容积和孔径分布曲线。

三、主要试剂与仪器

化学试剂：硝酸铝 [$Al(NO_3)_3 \cdot 9H_2O$]，聚乙二醇（分子量 600、1500、2000 三种），碳酸铵，去离子水。

仪器设备：单口烧瓶（250 mL），烧杯（100 mL，250 mL），电子天平、恒压滴定漏斗、油浴锅、鼓风干燥箱、马弗炉、离心机、氮气吸附仪。

四、实验步骤

1. 称取 12 g 硝酸铝固体及 0.3 g 聚乙二醇置于 100 mL 烧杯中，添加 50 mL 去离子水配成 0.6 mol/L 硝酸铝溶液。

2. 将所制得硝酸铝溶液转入 250 mL 单口烧瓶中，并在油浴锅中剧烈搅拌；待油浴锅温度升至 70 ℃后继续搅拌 10 min。

3. 称取 3.53 g 碳酸铵固体（有强烈氨臭）置于 100 mL 烧杯中，并添加 37.5 mL 去离子水制得 0.6 mol/L 碳酸铵溶液。

4. 将所制得碳酸铵溶液转入滴液漏斗中，逐滴（5 s/滴）添加到硝酸铝溶液中；若出现大量白色絮状凝胶，可加快搅拌速度。

5. 滴加完成后取出磁子，并将凝胶转入 250 mL 烧杯中，烧杯于 70 ℃烘箱中静置老化（老化时间 1~2 h）。

6. 老化后，采用离心分离法获得固体凝胶，离心转速为 10000 r/min，时间为 3 min（离心液面不可超过离心管容积的 2/3，离心试管需对称放置并且相互间质量差不超过 0.1 g），再经蒸馏水、乙醇洗涤 2~3 次。

7. 洗涤完成后将凝胶置于 60 ℃烘箱中干燥至恒重。

8. 干燥后的样品转移到坩埚中，于马弗炉中缓慢升温（2 ℃/min）至 550 ℃，恒温焙烧 6 h。

9. 焙烧结束后，待炉内温度降至室温才能取出坩埚，防止介孔结构因骤冷而导致孔道坍塌。

10. 采用氮气吸附仪测定产物（只需 0.1 g）的比表面积、孔容、孔径大小和分布。

五、实验结果和处理

根据 BET 和 BJH 测试数据结果作图，并分析介孔氧化铝材料的比表面积和孔径大小。

六、思考题

请简述影响介孔氧化铝形貌的因素和表征介孔氧化铝形貌的检测手段。

不同晶型二氧化钛的合成及其物相分析

一、实验目的

1. 了解纳米二氧化钛的物性。
2. 掌握溶胶-凝胶法合成纳米级二氧化钛（TiO_2）的方法和过程。

二、实验原理

TiO_2 是一种 n 型半导体材料，晶粒尺寸介于 1～100 nm 之间，其晶型有金红石型和锐钛矿型，具有比表面积大、表面张力大、熔点低、磁性强、光吸收性能好（特别是吸收紫外线的能力强）、表面活性大、导热性能好、分散性好等性质。纳米 TiO_2 的制备方法可归纳为物理方法和物理化学综合法。物理制备方法主要有机械粉碎法、惰性气体冷凝法、真空蒸发法、溅射法等，物理化学综合法又可大致分为气相法和液相法。目前的工业化应用中，最常用的方法还是物理化学综合法。由于传统的方法不能或难以制备纳米级二氧化钛，而溶胶-凝胶法则可以在低温下制备高纯度、粒径分布均匀、化学活性大的单组分或多组分分子级纳米催化剂，因此，本实验采用溶胶-凝胶法来制备纳米二氧化钛光催化剂。

溶胶-凝胶法是制备纳米粉体的一种重要方法。它具有独特的优点，反应中各组分的混合在分子间进行，因而产物的粒径小、均匀性高，反应过程易于控制，可得到一些用其他方法难以得到的产物，另外，反应在低温下进行，避免了高温杂相的出现，使产物的纯度高。其缺点是溶胶-凝胶法采用金属醇盐作原料，成本较高，工艺流程较长，而且粉体的后处理过程中易产生硬团聚。采用溶胶-凝胶法制备纳米 TiO_2 粉体，是利用钛醇盐为原料，先通过水解和缩聚反应使其形成透明溶胶，然后加入适量的去离子水后转变成凝胶结构，将凝胶陈化一段时间后放入烘箱中干燥，待完全变成干凝胶后再进行研磨、煅烧，即可得到均匀的纳米 TiO_2 粉体。在溶胶-凝胶法中，最终产物的结构在溶液中已初步形成，且后续工艺与溶胶的性质直接相关，因而溶胶的质量是十分重要的。醇盐的水解和缩聚反应是均相溶液转变为溶胶的根本原因，控制醇盐水解缩聚的条件是制备高质量溶胶的关键，因此溶剂的选择是溶胶制备的前提。同时，溶液的 pH 值对胶体的形成和团聚状态有影响，加水量的多少会影响醇盐水解缩聚物的结构，陈化时间的长短会改变晶粒的生长状态，煅烧温度的变化会影响粉体的相结构和晶粒大小。总之，在溶胶-凝胶法制备 TiO_2 粉体的过程中，有许多因素影响粉体的形成和性能，因此应严格控制好工艺条件，以获得性能优良的纳米 TiO_2 粉体。

制备溶胶所用的原料为钛酸四丁酯 $[Ti(OC_4H_9)_4]$、水、无水乙醇（C_2H_5OH）以及冰醋酸。反应物为 $Ti(OC_4H_9)_4$ 和水，分相介质为 C_2H_5OH，冰醋酸可调节体系的酸度防止钛离子水解过度。$Ti(OC_4H_9)_4$ 在 C_2H_5OH 中水解生成 $Ti(OH)_4$，脱水后即可获得 TiO_2。在后续的热处理过程中，只要控制适当的温度条件和反应时间，就可以获得金红石型和锐钛矿型二氧化钛。

钛酸四丁酯在酸性条件下，在乙醇介质中的水解反应是分步进行的，总水解反应表示为下式，水解产物为含钛离子溶胶。

$$Ti(OC_4H_9)_4 + 4H_2O \longrightarrow Ti(OH)_4 + 4C_4H_9OH$$

一般认为，在含钛离子溶液中钛离子通常与其他离子相互作用形成复杂的网状基团。上述溶胶体系静置一段时间后，由于发生胶凝作用，最后形成稳定凝胶。

$$Ti(OH)_4 + Ti(OC_4H_9)_4 \longrightarrow 2TiO_2 + 4C_4H_9OH$$

$$2Ti(OH)_4 \longrightarrow 2TiO_2 + 4H_2O$$

三、主要试剂与仪器

化学试剂：钛酸四丁酯，无水乙醇，冰醋酸，盐酸，蒸馏水。

仪器设备：电热炉，恒温水浴箱，50 mL 量筒和 10 mL 量筒各一个，烧杯（100 mL）两个，玻璃棒，抽滤瓶，布氏漏斗，滤纸，pH 试纸，标准比色卡，洗瓶，蒸发皿，磁力搅拌器，恒压漏斗。

四、实验步骤

① 室温下用完全干燥的量筒量取 10 mL 钛酸四丁酯，缓慢滴入 35 mL 无水乙醇中，并用磁力搅拌器强力搅拌 10 min，混合均匀，形成黄色澄清溶液 A。

② 将 4 mL 冰醋酸和 10 mL 蒸馏水加到另 35 mL 无水乙醇中，剧烈搅拌，得到溶液 B，滴入 1～2 滴盐酸，调节 pH 值使 pH ≤ 3。

③ 室温水浴，在剧烈搅拌下将已移入恒压漏斗中的溶液 A 缓慢滴入溶液 B 中，滴速大约为 3 mL/min。滴加完毕后得浅黄色溶液，继续搅拌 0.5 h 后，置于 50 ℃水浴加热，1 h 后得到白色凝胶。

④ 在 80 ℃下烘干，大约需 20 h，得到黄色晶体，研磨得到淡黄色 TiO$_2$ 粉末。在不同温度（300 ℃、400 ℃、500 ℃、600 ℃）下热处理，制备不同 TiO$_2$ 晶体样品。

⑤ 用 X 射线粉末衍射（XRD）表征晶体结构。

五、实验结果和处理

理论产量：_____；实际产量：_____；产率_____。

XRD 物相分析结果：_____。

六、注意事项

1. 水作为反应物之一，它的加入量主要影响钛醇盐的水解缩聚反应，是一个关键的影响参数，为保证得到稳定的凝胶，采用了分次加入水的方式。

2. 乙醇可以溶解钛酸四丁酯，并通过空间位阻效应阻碍氢链的生成，从而使水解反应变慢，因此需要控制反应中乙醇的加入量。

3. pH 值是影响凝胶状态的一个因素，通常实验 pH 取在 2～3 为宜。

七、思考题

1. 为什么所有的仪器必须干燥？

2. 加入冰醋酸的作用是什么？

3. 将溶液 A 滴加到溶液 B 中时为什么要缓慢滴加？

实验 15

环氧树脂的制备

一、实验目的

1. 掌握双酚 A 型环氧树脂的实验室制备方法。
2. 掌握环氧值的测定方法及计算。
3. 了解环氧树脂的使用方法和性能。

二、实验原理

环氧树脂是指含有环氧基的聚合物。环氧树脂的品种有很多，常用的有环氧氯丙烷与酚醛缩合物反应生成的酚醛环氧树脂，环氧氯丙烷与甘油反应生成的甘油环氧树脂，环氧氯丙烷与二酚基丙烷（双酚 A）反应生成的二丙烷环氧树脂等。环氧氯丙烷是主要单体，它可以与多种多元酚类、多元醇类、多元胺类反应，生成各类型环氧树脂。环氧树脂根据其分子结构大体可以分为 5 大类型：缩水甘油醚类、缩水甘油酯类、缩水甘油胺类、线形脂肪族类、脂环族类。

双酚 A 型环氧树脂产量最大，用途最广，有通用环氧树脂之称。它是环氧氯丙烷和二酚基丙烷（双酚 A）在氢氧化钠（NaOH）的催化作用下不断地进行开环、闭环得到的线形树脂。其反应式如图 1 所示：

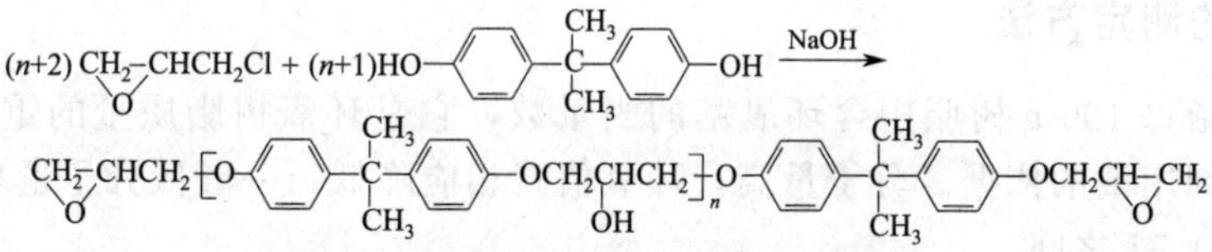

图 1　双酚 A 型环氧树脂的合成反应式

式中，n 一般在 $0 \sim 12$ 之间，分子量相当于 $340 \sim 3800$，个别 n 可达 19（$M = 7000$）。$n = 0$，就是双酚 A 被环氧丙基封端的环氧树脂中间体，为淡黄色黏滞液体，$n \geqslant 2$，则为固体。n 值的大小由环氧氯丙烷和双酚 A 的物质的量之比、温度条件、氢氧化钠的浓度和加料次序来控制。环氧树脂的分子量不高，使用时再交联固化，因此，对双酚 A 纯度的要求并不像制聚碳酸酯和聚砜时那么严格。环氧树脂的结构比较明确，属于结构预聚物，其分子量可由环氧氯丙烷的量来调节。

环氧树脂黏结力强、收缩率低、化学稳定性好、固化方便、抗冲击性能和电性能良好，广泛用于黏结剂、涂料、复合材料等。由于环氧树脂在未固化之前是热塑性的线形结构，使用时需要加入固化剂。固化剂种类很多，最常用的有多元胺、酸酐及羧酸等。乙二胺、二亚乙基三胺等伯胺含有活泼氢原子，可使环氧基直接开环，属于室温固化剂。酐类（如邻苯二甲酸酐和马来酸酐）作固化剂时，因其活性较低，须在较高的温度（$150 \sim 160$ ℃）下固化。

三、主要试剂与仪器

化学试剂：双酚 A，环氧氯丙烷，NaOH（质量分数 30 %）溶液，甲苯，蒸馏水，去离子水，稀盐酸 $AgNO_3$ 溶液，丙酮盐酸溶液。

仪器设备：三颈圆底烧瓶，回流冷凝管，滴液漏斗，分液漏斗，蒸馏瓶，量筒，抽滤瓶，真空泵，电子天平，搅拌器，温度计，磨口锥形瓶，移液管。

四、实验步骤

称量 22.5 g 双酚 A 于 250 mL 三颈圆底烧瓶内，再量取环氧氯丙烷 24 mL（28 g，0.3 mol），倒入烧瓶内，装上搅拌器、滴液漏斗、回流冷凝管及温度计（图2），开始搅拌，升温到 55 ℃。待双酚 A 全部溶解后，将 20 mL 质量分数为 30 % NaOH 溶液置于 50 mL 滴液漏斗中，缓慢加入烧瓶内（开始滴加要慢些，环氧氯丙烷开环是放热反应，反应液温度会自动升高）。保持温度在 60～65 ℃，约 1.5 h 内滴加完毕，然后在 90 ℃ 继续反应 1.5 h，停止反应。在搅拌下用 25 %稀盐酸中和反应液至中性（注意充分搅拌，确保中和完全）。倾入 30 mL 蒸馏水、60 mL 甲苯，充分搅拌后趁热倒入分液漏斗中，静置分层，除去水层。再用去离子水洗涤数次至水相中无 Cl^-（用 $AgNO_3$ 检验）。分出有机层，减压蒸馏（图3）除去萃取液甲苯及未反应的环氧氯丙烷。注意馏出速率，控制最终温度不超过 110 ℃，得到淡黄色透明树脂。

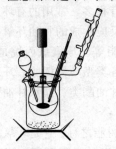
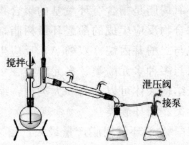

图 2　环氧树脂合成装置示意图　　　　图 3　环氧树脂减压蒸馏装置示意图

五、环氧值的测定方法

环氧值是指每 100 g 树脂中含环氧基的当量数，它是环氧树脂质量的重要指标之一，也是计算固化剂用量的依据。分子量高，环氧值就相应降低，一般低分子量环氧树脂的环氧值在 0.48～0.57 之间。

分子量小于 1500 的环氧树脂，其环氧值测定用盐酸-丙酮法，反应式为：

$$—CH—CH_2 \quad + \quad HCl \quad \xrightarrow{\text{丙酮}} \quad \overset{\displaystyle CH—CH_2—Cl}{\underset{\displaystyle OH}{|}}$$

称 1 g 左右树脂，放入 150 mL 的磨口锥形瓶中，用移液管加入 25 mL 丙酮盐酸溶液，微微加热，加塞摇晃使树脂充分溶解，放置 1 h。冷却后以酚酞作指示剂，用 0.1 mol/L 氢氧化钠溶液滴定。按上述条件做空白实验两次。

环氧值（当量/100 g 树脂）E 按下式计算：

$$E = \frac{(V_0 - V_2)c}{1000W} \times 100 = \frac{(V_0 - V_2)c}{10W}$$

式中，V_0 为空白滴定所消耗 NaOH 的溶液体积，mL；V_2 为样品测试所消耗 NaOH 的溶液体积，mL；c 为 NaOH 溶液的浓度，mol/L；W 为树脂质量，g。

六、注意事项

线形环氧树脂为外观黄色至青铜色的黏稠液体或脆性固体，易溶于有机溶剂中。未加固化剂的环氧树脂有热塑性，可长期贮存而不变质。其主要常数是环氧值，固化剂的用量与环氧值成正比，固化剂的用量对成品的力学性能影响很大，必须控制适当。

七、思考题

1. 合成环氧树脂的反应中，若 NaOH 的用量不足，将会对产物有什么影响？
2. 环氧树脂的分子结构有何特点？为什么环氧树脂具有良好的黏结性能？
3. 为什么环氧树脂使用时必须加入固化剂？固化剂的种类有哪些？

实验 16

界面缩聚法制备尼龙 66

一、实验目的

1. 了解缩聚反应的原理与特点。
2. 掌握以己二胺与己二酰氯进行界面缩聚制备尼龙 66 的方法。

二、实验原理

缩合聚合（缩聚）反应是制备高分子材料的一种非常常见和适用的方法，为了使线形缩聚反应顺利进行，必须考虑以下原则和措施：①尽可能避免或减少副反应；②提高反应物的纯度；③尽可能提高反应程度；④采用减压或其他手段去除副产物，使反应向聚合物方向移动；⑤严格保证两官能团等量的基础上，加入单官能团物质或让一种双官能团单体过量，以控制分子量。缩聚反应的实施方法有熔融聚合、溶液聚合、界面缩聚和固相缩聚等四种方法，而界面缩聚是缩聚反应的特殊实施方式。将两种单体分别溶解于互不相溶的两种溶剂中，然后将两种溶液混合，聚合反应只发生在两相溶液的界面。界面聚合要求单体有很高的反应活性，例如己二胺与己二酰氯制备尼龙 66 是实验室常用的方法，其反应特征为：己二胺的水溶液为水相（上层），己二酰氯的四氯化碳溶液为有机相（下层），两者混合时，由于氨基与氯的反应速率常数很高，在相界面上马上就生成聚合物薄膜（图 1）。

$$n\,ClOC(CH_2)_4COCl + n\,H_2N(CH_2)_6NH_2 \xrightarrow{\quad NaOH \quad} \left[CO(CH_2)_4CONH(CH_2)_6NH\right]_n$$

图 1　尼龙 66 的聚合反应式

界面缩聚的优点：①设备简单、操作容易；②制备相对高分子量的聚合物常常不需要严格的等当量比；③常温聚合，不需要加热；④反应快速；⑤可连续性获得聚合物。界面缩聚法制备尼龙 66 如图 2 所示。

界面缩聚法已经应用于很多聚合物的合成，例如聚酰胺、聚碳酸酯及聚氨基甲酸酯等。这种聚合方法也有缺点，如二元酰氯单体的成本高，需要使用和回收大量的溶剂等。

三、主要试剂与仪器

化学试剂：己二酸，二氯亚砜，NaOH，己二胺，CCl_4，无水乙醇，去离子水，高纯氮，硝酸钾，亚硝酸钠，N,N-二甲基甲酰胺（DMF）。

仪器设备：圆底烧瓶两个（50 mL），回流冷凝管一个，氯化钙干燥管一支，氯化氢气体吸收装置，带侧管的试管，600 W 电炉，石棉，温度计，烧杯，锥形瓶，电子天平，量筒，玻璃棒。

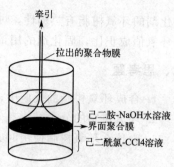

图 2　界面缩聚法制备尼龙
66 的示意图

四、实验步骤

1. 己二酰氯的合成

$$HOOC(CH_2)_4COOH \xrightarrow{SOCl_2} ClOC(CH_2)_4COCl$$

① 在装有回流冷凝管的圆底烧瓶内（回流冷凝管上方装有氯化钙干燥管，后接有氯化氢气体吸收装置），加入己二酸 10 g 及二氯亚砜 20 mL，并加入两滴 DMF，即有大量气体生成，加热回流反应 2 h 左右，直至没有氯化氢气体放出。

② 将回流装置改为蒸馏装置，首先在常压下利用温水浴，将过剩的二氯亚砜蒸馏出来。

③ 减压蒸馏，将己二酰氯蒸馏出来。

2. 尼龙 66 的合成

① 将己二胺 4.64 g 及氢氧化钠 3.2 g 放入 250 mL 的烧杯中，加水 100 mL 溶解（标记为 A 杯，注意使水温保持在 10～20 ℃）。

② 己二酰氯 3.66 g 放入干燥的另一个 250 mL 烧杯中，加入 100 mL 精制过的四氯化碳溶解（标记为 B 杯，注意使水温保持在 10～20 ℃）。

③ 然后将 A 杯中的溶液沿着玻璃棒徐徐倒入 B 杯内，立即在两界面上形成半透明薄膜，即为聚己二酰胺（尼龙 66）。

④ 用玻璃棒小心将界面处的薄膜拉出，并缠绕在玻璃棒上，将持续生成的聚合物拉出，直至己二酰氯反应完毕。也可以使用导轮，观察具有弹性的丝状尼龙 66 连续不断地被拉出，实验示意图如图 2 所示。

⑤ 将所得聚合物放入盛有 50 mL 的 3 % 的盐溶液中浸泡，然后用去离子水洗涤至中性，最后压干，于 80 ℃ 真空干燥至恒重，计算产率。

五、思考题

1. 比较界面缩聚与其他缩聚反应的不同。
2. 界面缩聚能否用于聚酯的合成？为什么？

实验 17

甲基丙烯酸甲酯的本体聚合及有机玻璃棒的制备

一、实验目的

1. 掌握自由基本体聚合的特点和聚合方法。

2. 熟悉有机玻璃棒的制备方法，了解其工艺过程。

二、实验原理

本体聚合是指单体在少量的引发剂或者直接在热、光和辐射的作用下进行的聚合反应，具有产品纯度高、无需后处理等优点。本体聚合在实验室常常用于聚合动力学研究和竞聚率的测试等，工业上多用于制造板材或者型材，所用设备比较简单，产品纯净，尤其是可以制得透明样品，但是由于体系黏度大，聚合热难以散去，反应控制困难，易发生凝胶效应，因此工业上常采用分段聚合方式。

甲基丙烯酸甲酯（MMA）含不饱和双键，结构不对称，易发生聚合反应，其聚合热为 56.6 kJ/mol。MMA 在本体聚合中的突出特点是凝胶效应，即在聚合过程中，当转化率达 10%～20% 时，聚合速率突然加快，出现自动加速现象。其原因是随着聚合反应的进行，体系的黏度增加，体系黏度随转化率提高后，自由基链段重排受阻，活性链端基甚至被包埋，双基终止困难，链终止反应速率常数 k_t 下降；相反，单体分子扩散作用不受影响，链增长的速率常数 k_p 变动不大，从而使 $k_p/k_t^{1/2}$ 增加了 7～8 倍，总的结果是聚合总速率增常数增加，导致聚合总速率增加显著，发生爆发性聚合，聚合物分子量变大。由于本体聚合没有稀释剂存在，聚合热的排散比较困难，凝胶效应放出大量反应热，使产品含有气泡影响其光学性能。因此，自由基本体聚合中控制聚合速率使聚合反应平稳进行是获取无瑕疵型材的关键。

有机玻璃棒是甲基丙烯酸甲酯（MMA）通过本体聚合方法制成的。聚甲基丙烯酸甲酯（PMMA）具有优良的光学性能，密度小，力学性能、耐候性好，在航空、光学仪器、电器工业、日用品方面有着广泛的应用。由于甲基丙烯酸甲酯的密度（0.94 g/cm³）小于聚合物的密度（1.18 g/cm³），在聚合过程中出现较为明显的体积收缩。为了避免体积收缩和有利于散热，工业上往往采用二步法制备有机玻璃。在过氧化苯甲酰（BPO）引发下，MMA 聚合，初期平稳反应，当转化率超过 20% 后，聚合体系黏度增加，聚合速率显著增加。此时应该停止第一阶段反应，将聚合物溶液转移到模具中，低温反应较长时间。当转化率达到 90% 以上后，聚合物已经成型，然后升温使单体完全聚合。

三、主要试剂与仪器

化学试剂：过氧化苯甲酰（BPO），甲基丙烯酸甲酯（MMA），硅油。

仪器设备：三颈圆底烧瓶，冷凝管，温度计，水浴锅，电动搅拌器，玻璃板，玻璃试管，烘箱。

四、实验步骤

1. 预聚物的制备

准确称量 75 mg 的 BPO 和 53 mL 的 MMA，混合均匀，加入配有冷凝管的三颈圆底烧瓶中，开动电动搅拌器。然后水浴升温至 80～90 ℃，反应约 30～60 min，体系达到一定黏度（相当于甘油黏度的两倍，转化率为 7%～15%），停止加热，冷却至室温，使聚合反应缓慢进行，实验装置如图 1 所示。

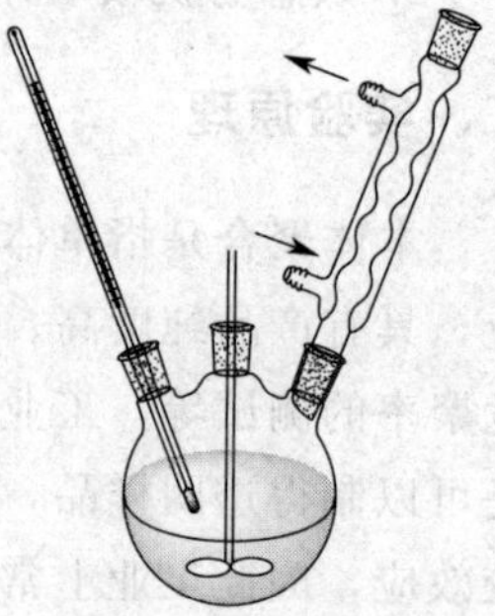

2. 制玻璃棒

取玻璃试管洗净、烘干，在玻璃试管上涂上一层硅油作为脱模剂。将上述预聚物浆液缓缓注入玻璃试管里，注意排净气泡。待灌满后，将玻璃试管的口朝上，垂直放入烘箱内，于 40 ℃继续聚合 20 h，体系固化失去流动性。再升温至 80 ℃，保温 1 h，而后再升温至 100 ℃，保温 1 h，打开烘箱，自然冷却至室温。小心撬开玻璃试管，可得到透明的有机玻璃棒。

图 1　甲基丙烯酸甲酯的本体聚合装置示意图

五、思考题

1. 自动加速效应是怎样产生的？对聚合反应有哪些影响？
2. 制备有机玻璃，为什么要先进行预聚合？
3. 工业上采用本体聚合的方法制备有机玻璃有何优点？

实验 18

聚醋酸乙烯酯的溶液聚合

一、实验目的

1. 了解溶液聚合的原理及特点。
2. 掌握聚醋酸乙烯酯的溶液聚合方法。

二、实验原理

溶液聚合一般具有反应均匀、聚合热易散发、反应速率及温度易控制、分子量分布均匀等优点。在聚合过程中存在向溶剂链转移的反应，使产物分子量降低。因此，在选择溶剂时必须注意溶剂的活性大小。各种溶剂的链转移常数变动很大，水为零、苯较小、卤代烃较大。一般根据聚合物分子量的要求选择合适的溶剂，另外还要注意溶剂对聚合物的溶解性能，选用良溶剂时，反应为均相聚合，可以消除凝胶效应，遵循正常的自由基动力学规律。选用沉淀剂时，则成为沉淀聚合，凝胶效应显著。产生凝胶效应时，反应自动加速，分子量增大，劣溶剂的影响介于两者之间，影响程度随溶剂的优劣程度和浓度而定。

本实验以甲醇为溶剂进行醋酸乙烯酯的溶液聚合。根据反应条件（如温度、引发剂量、溶剂等）的不同可得到分子量从 2000 到几万的聚醋酸乙烯酯。聚合时，溶剂回流带走反应热，温度平稳，但由于溶剂引入，大分子自由基和溶剂易发生链转移反应使分子量降低。

聚醋酸乙烯酯适于制造维纶纤维，分子量的控制是关键。由于醋酸乙烯酯自由基活性较高，容易发生链转移，反应大部分发生在醋酸基的甲基处，形成支链或交链产物。除此之外，还向单体、溶剂等发生链转移反应。所以在选择溶剂时，必须考虑对单体、聚合物、分子量的影响，选取适当的溶剂。温度也是一个重要的因素，随温度的升高，反应速率加快，分子量降低，同时引起链转移反应速率增加，所以必须选择适当的反应温度。

三、主要试剂与仪器

主要试剂：醋酸乙烯酯（VAC）60 mL［新鲜蒸馏，BP（沸点）＝73 ℃］，甲醇 60 mL（化学纯，BP＝54～65 ℃），偶氮二异丁腈（AIBN）0.2 g（重结晶）。

仪器设备：三颈圆底烧瓶（500 mL），搅拌器，恒温槽，导电表，量筒 10 mL、50 mL 各 1只，回流冷凝管，温度计（0～100℃），瓷盘，液封（聚四氟乙烯），搅拌桨（不锈钢）。

四、实验步骤

向装有搅拌器、温度计和回流冷凝管的 500 mL 三颈圆底烧瓶中，依次加入 60 mL 新鲜蒸馏的醋酸乙烯酯、0.2 g AIBN 以及 10 mL 甲醇。在搅拌下加热，使其回流，恒温槽温度控制在 64～65 ℃（注意不要超过 65 ℃），反应 2 h。观察反应情况，当体系很黏稠，聚合物完全粘在搅拌轴上时停止加热，加入 50 mL 甲醇，再搅拌 10 min，待黏稠物稀释后，停止搅拌。然后，将溶液慢慢倒入盛水的瓷盘中，聚醋酸乙烯酯呈薄膜析出。放置过夜，待膜面不粘手，将其用水反复冲洗，晾干后剪成碎片，留作醇解所用。

五、思考题

1. 溶液聚合的特点及影响因素是什么？
2. 如何选择溶剂？实验中甲醇的作用是什么？

实验 19

苯乙烯的悬浮聚合

一、实验目的

1. 了解悬浮聚合的原理。
2. 掌握苯乙烯的悬浮聚合方法。

二、实验原理

悬浮聚合是借助较强烈的机械搅拌和悬浮剂的作用，将不溶于水的单体以小液滴状态悬浮在水中进行的聚合反应。单体中溶有引发剂，一个小液滴就相当于一个本体聚合单元。从单体液滴转变为聚合物固体粒子，中间经过聚合物-单体黏性粒子阶段，为了防止粒子黏并，需加分散剂（悬浮剂），在粒子表面形成保护层。因此，悬浮聚合体系一般由单体、油溶性引发剂、水和分散剂（悬浮剂）四个基本组分构成。

悬浮聚合物的粒径一般在 0.05～2 mm（或者 0.01～5 mm），主要受搅拌速率、分散剂种类及含量控制。搅拌速率越高，则产品颗粒越细，搅拌速率越低，产品颗粒直径越大，但搅拌速率不能太低，因为悬浮聚合体系中的单体颗粒存在着相互结合形成大颗粒的倾向，特别是随着单体向聚合物的转化，颗粒黏度增大，颗粒间的黏结便越容易。因此实验中自始至终都不能停止搅拌，只有当分散颗粒中单体转化率足够高、颗粒硬度足够大时，才不能黏结。悬浮聚合选用的分散剂主要有两大类：一类是水溶性高分子，如聚乙烯醇、聚丙烯酰胺、聚丙烯酸、羟乙基纤维素、明胶等；另一类是不溶于水的无机物粉末，如硫酸钡、磷酸钙、碳酸钙、滑石粉、羟基磷灰石等。

在悬浮聚合中，聚合反应场所为小液滴，反应热可通过液滴周围的介质散开。因此，悬浮聚合兼有本体聚合和溶液聚合的长处，其优点是反应体系聚合热易排出、温度易控制、后处理简单、生产成本低、产物可直接加工。但产品纯度不如本体聚合法高，残留的分散剂等难以除去，影响产品的透明度及介电性能。

聚苯乙烯是指由苯乙烯单体经自由基加聚反应合成的聚合物，易加工成型，并具有透明、廉价、刚性、绝缘、印刷性好等优点，可广泛用于日用装潢、照明指示和包装等方面。在电气方面更是良好的绝缘材料和隔热保温材料，可以制作各种仪表外壳、灯罩、光学化学仪器零件、透明薄膜、电容器介质层等。部分聚苯乙烯、全部可发性聚苯乙烯和离子交换树脂母体多采用悬浮法生产。若体系中加入部分二乙烯基苯，产品具有交联结构，并有较高的强度和耐溶剂性等，可用作制备离子交换树脂的原料。

三、主要试剂和仪器

化学试剂：苯乙烯，2%聚乙烯醇（PVA），过氧化苯甲酰（BPO），亚甲基蓝（或硫代硫酸钠），磷酸钙粉末，蒸馏水，二乙烯基苯。

仪器设备：调压器，温度计，水浴锅，三颈圆底烧瓶，回流冷凝管（球形），电动搅拌器，烘箱。

四、实验步骤

向装有搅拌器、温度计和回流冷凝管的 250 mL 三颈圆底烧瓶中加入 120 mL 蒸馏水，8 mL 2% 的 PVA 水溶液，250 mg 磷酸钙粉末和 2 滴 1% 亚甲基蓝水溶液。开始升温，并调节搅拌器转速稳定在 300 r/min 左右，待瓶内温度升至 85~90 ℃时，取事先在室温下溶解了 130 mg BPO 的 15 mL 苯乙烯溶液，倒入反应瓶中，再加入 3 mL 二乙烯基苯。此后，应十分注意搅拌速率的稳定。反应 2 h 后（如不加二乙烯基苯，反应时间为 5 h），用滴管检查珠子是否已有硬度，珠子发硬以后，升温至 90~95 ℃，再使聚合持续 0.5 h（若无二乙烯基苯，再熟化 2 h）。反应结束后倾出上层溶液，用 80~85 ℃ 的热水洗 3 次，再用冷水洗 3 次，过滤，抽干水分。然后放入 60 ℃烘箱中烘干、称重，计算转化率。

五、注意事项

1. 亚甲基蓝为水相阻聚剂，无亚甲基蓝时可用硫代硫酸钠或其他水相阻聚剂代替，加入少量磷酸钙粉末可使悬浮体系更稳定一些。

2. 若无二乙烯基苯，也可不用，但需适当延长反应时间。

3. 升温后再加入苯乙烯。如先加入苯乙烯，必须快速升温。

4. 如有条件，可在显微镜下观察珠子的形态。

六、思考题

1. 加入水相阻聚剂有什么好处？
2. 叙述悬浮聚合的特点，它与乳液聚合有何不同之处？
3. 如何控制苯乙烯颗粒大小？

实验20

乙酸乙烯酯的乳液聚合——白乳胶的制备

一、实验目的

1. 了解乳液聚合的基本原理、配方及各组分所起的作用。
2. 掌握聚乙酸乙烯酯乳胶的制备方法及用途。

二、实验原理

单体在水相介质中，由乳化剂分散成乳液状态进行的聚合，称乳液聚合。其配方中主要组分是单体、水、引发剂和乳化剂。区别于自由基聚合的其他三种方法，乳液聚合的引发剂常采用水溶性引发剂。乳化剂是乳液聚合的重要组分，它可以使互不相溶的油、水两相，转变为相当稳定、难以分层的乳浊液。乳化剂分子一般由亲水的极性基团和疏水的非极性基团构成，根据极性基团的性质可以将乳化剂分为阳离子型、阴离子型、两性和非离子型四类。当乳化剂分子在水相中达到一定浓度，即到达临界胶束浓度（CMC）后，体系开始出现胶束。单体增溶在胶束内，构成增溶胶束。增溶胶束是乳液聚合的主要场所，发生聚合后的胶束称为乳胶粒。随着反应的进行，乳胶粒数不断增加，胶束消失，乳胶粒数恒定，由单体液滴提供单体在乳胶粒内进行反应。此时，由于乳胶粒内单体浓度恒定，聚合速率恒定。到单体液滴消失后，随乳胶粒内单体浓度的减少，速率下降。根据胶粒形成情况和相应速率的变化，可将经典乳液聚合过程分成三个阶段（图1）：

Ⅰ阶段：加速期，乳胶粒生成期，从开始引发到胶束消失为止，R_p递增。

Ⅱ阶段：恒速期，从胶束消失到单体液滴消失为止，R_p恒定。

Ⅲ阶段：降速期，从单体液滴消失到聚合结束，R_p下降。

乳液聚合遵循自由基聚合的一般规律，但其反应机理不同于一般的自由基聚合，其聚合速率及聚合度可用下式表示：

$$R_p = \frac{10^3 N k_p [M]}{2N_A}$$

$$\overline{X}_n = \frac{N k_p [M]}{2Ri}$$

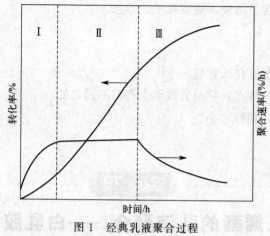

图 1　经典乳液聚合过程

式中，N 为乳胶粒数；N_A 为阿伏伽德罗常数；[M] 为胶粒中的单体浓度；k_p 为链增长反应速率常数；R_p 和 R_i 为链增长和链引发反应速率。由此可见，聚合速率 R_p 与引发速率无关，而取决于乳胶粒数。乳胶粒数的多少与乳化剂浓度有关，增加乳化剂浓度，即增加乳胶粒数，可以同时提高聚合速率和分子量，而在本体、溶液和悬浮聚合中，使聚合速率提高的一些因素，往往使分子量降低。所以乳液聚合具有聚合速率快、分子量高的优点。此外，聚合反应以水作为介质，环保安全，产生的乳胶可直接使用。因此，乳液聚合在工业生产中的应用非常广泛。

聚乙酸乙烯酯（PVAc）乳胶漆具有水基漆的优点，黏度小，分子量较大，能溶于有机溶剂。作为黏合剂时（俗称白胶），木材、织物和纸张均可使用。PVAc 乳胶漆可由单体乙酸乙烯酯（VAc）通过乳液聚合制备，聚合机理与一般乳液聚合相同。采用水溶性的过硫酸盐为引发剂，为使反应平稳进行，单体和引发剂均需分批加入。聚合中常用的乳化剂是聚乙烯醇（PVA）。实验中还常采用两种乳化剂合并使用，其乳化效果和稳定性比单独使用一种好。本实验采用 PVA-1788 和 OP-10 两种乳化剂。

三、主要试剂与仪器

实验所需主要试剂与仪器如表 1 所示。

表 1　实验所需主要试剂与仪器

项目	指标	项目	指标
乙酸乙烯酯	32 mL	冷凝管	1 支
10% $NaHCO_3$ 水溶液	适量	搅拌器	1 套
蒸馏水	30 mL	量筒（10 mL、50 mL、100 mL）	各一个
10% 聚乙烯醇水溶液	30 mL	烧杯（50mL）	1 个
OP-10[①]	1 mL	温度计	1 支
过硫酸钾（KPS）	0.08～0.10 g	烘箱	1 个
三颈圆底烧瓶	1 个	恒温水浴装置	1 套
（250mL）		滴管	1 支

① OP-10 为以烷基酚为引发剂合成的环氧乙烷聚合物。

四、实验步骤

先在 50 mL 烧杯中将 KPS 溶于 10 mL 水中。另在装有搅拌器、冷凝管和温度计的三颈圆底烧瓶中加入 30 mL 10 ％聚乙烯醇水溶液、1 mL 乳化剂 OP-10、20 mL 蒸馏水、5 mL 乙酸乙烯酯和 2 mL KPS 水溶液，开动搅拌，加热水浴，控制反应温度为 68～70 ℃，在约 2 h 内由冷凝管上端用滴管分次滴加完剩余的单体和引发剂。保持温度直至无回流时，逐步将反应温度升到 90 ℃，继续反应至无回流时撤去水浴，将反应混合物冷却至 50 ℃，加入 10 ％的 $NaHCO_3$ 水溶液调节体系的 pH 为 5～6（先用 pH 试纸测试溶液的 pH 值，如果 pH 在规定范围内，可免此步骤），经充分搅拌后，冷却至室温，出料。观察乳液外观，称取 1 g 乳液，放入烘箱在 90 ℃干燥，称取残留的固体质量，计算固含量。

$$固含量＝（固体质量/乳液质量）×100 ％$$

在 100 mL 量筒中加入 10 mL 乳液和 90 mL 蒸馏水搅拌均匀，静置一天，观察乳胶粒子的沉降量。

五、注意事项

1. 单体和引发剂的滴加视单体的回流情况和聚合反应温度而定，当反应温度上升较快，单体回流量小时，需及时补加适量单体，少加或不加引发剂；相反，若温度偏低，单体回流量大时，应及时补加适量引发剂，而少加或不加单体，保持聚合反应平稳地进行。

2. 升温时，注意观察体系中单体回流情况，若回流量较大时，应暂停升温或缓慢升温，因单体回流量大时易在气液界面发生聚合，导致结块。

六、思考题

1. 乳化剂主要有哪些类型？各自的结构特点是什么？乳化剂浓度对聚合反应速率和产物分子量有何影响？

2. 加入 10 ％的 $NaHCO_3$ 水溶液调节体系的 pH 为 5～6 的目的是什么？

模块二
材料改性与加工

实验 21

金属材料表面的硅烷化处理

一、实验目的

1. 了解金属防腐的意义与策略。
2. 熟悉金属表面硅烷化试剂的种类。
3. 掌握硅烷偶联剂改性金属材料的方法。

二、实验原理

金属材料在使用过程中由于与环境接触、相互作用引发腐蚀，从而显著降低金属材料的强度、韧性等力学性能，增加零件间的磨损，恶化电学和光学等物理性能，甚至破坏金属构件的几何形状。在化学工业中，由于金属腐蚀造成的事故数量甚至超过了单纯由机械性损失造成的事故数量。为了提高金属材料的耐腐蚀性能，需要对其防腐处理。众所周知，材料表面最先与外界接触，因此腐蚀反应通常开始于表面。为了防止腐蚀发生，减缓腐蚀反应程度，必须对金属表面性能进行强化。通常有以下方法：①对金属表面进行物理、化学改性，②利用保护层覆盖金属表面，③电化学保护，④缓蚀剂缓蚀。利用保护层覆盖金属表面是最常用的方法，如将金属材料表面进行磷化处理，使被保护的金属材料表面形成一层磷化膜，将金属材料与腐蚀介质隔绝，从而提高金属材料的耐蚀性。然而磷化处理中涉及锌、锰、镍等重金属和亚硝酸盐等致癌物质，同时废水、废渣的排放易产生严重的环境污染，并且磷化处理存在能耗大、工艺复杂、操作不方便等缺点。

表面硅烷化成膜技术是一种新型的金属防腐技术。硅烷化处理是以有机硅烷为主要原料对金属材料进行表面处理的过程。硅烷化处理与传统磷化相比具有以下优点：无有害重金属离子、不含磷、无需加温、对人体和环境无害、满足国家环保技术的要求。硅烷化处理过程不产生沉渣，处理时间短，控制简便；处理步骤少，可省去表调工序，槽液可重复使用；有效提高油漆对基材的附着力；可共线处理铁板、镀锌板、铝板等多种基材。基于金属材料硅烷化表面处理技术具有环保、节能和操作简单等优点，其有望取代目前普遍使用的易产生环境污染的磷化处理技术。

硅烷化处理是以硅烷偶联剂为主要原料，其分子通式可表示为 X—R—SiY$_3$。金属表面硅烷化试剂分为单硅类和双硅类硅烷偶联剂，单硅类硅烷试剂如 γ-氨丙基三乙氧基硅烷、苯基三乙氧基硅烷、巯丙基三乙氧基硅烷等，双硅类硅烷试剂如双-[γ-(三乙氧基硅）丙基]四硫化物等。双硅类硅烷试剂水解后，一分子硅烷可以得到六分子的硅羟基，比单硅类硅烷试剂多出 1 倍。所以，双硅类硅烷偶联剂在金属表面的黏结性能更好，形成的硅烷膜更致密，对金属的防护效果相比单硅类硅烷试剂更好。常见硅烷偶联剂如图 1 所示。

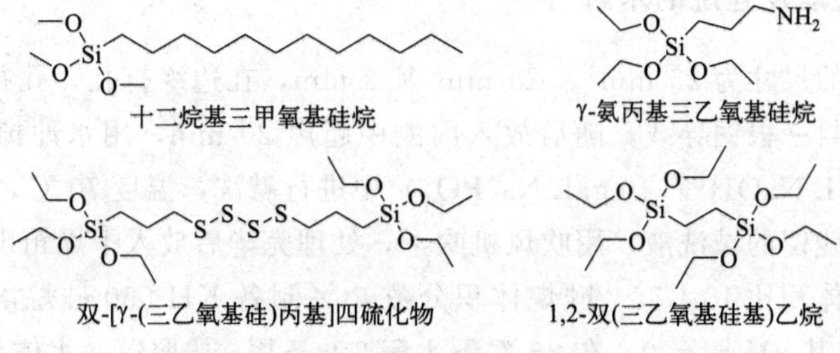

十二烷基三甲氧基硅烷

γ-氨丙基三乙氧基硅烷

双-[γ-(三乙氧基硅)丙基]四硫化物

1,2-双(三乙氧基硅基)乙烷

图 1　常见硅烷偶联剂结构

一般来说，硅烷分子中的两个端基既能分别参与各自的反应，也能同时起反应。通过控制适当的反应条件，可在不改变 Y 官能团的前提下取代 X 官能团，或者在保留 X 官能团的情况下，使 Y 官能团改性。若在水性介质中对 Y 官能团改性，那么 X 基团同时水解。则硅烷的作用过程依照四步反应模型来解释：

① 与硅相连的 3 个 Si—X 基团水解成 Si—OH；

② Si—OH 之间发生缩合反应，脱水生成 Si—OH 的低聚硅烷；

③ 低聚物中的 Si—OH 与基体表面的—OH 形成氢键；

④ 加热固化过程中发生脱水反应，与基材以共价键连接。

界面上硅烷偶联剂只有一个硅与基材表面键合，剩下两个 Si—OH 可与其他硅烷中的 Si—OH 缩合形成 Si—O—Si 结构。硅烷的作用机理如图 2 所示。

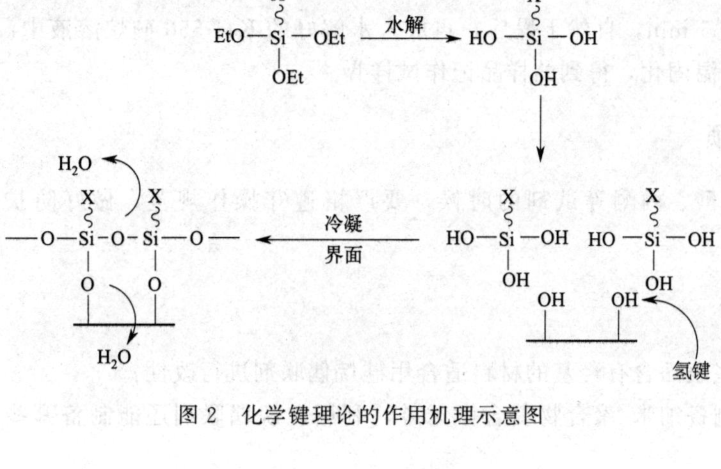

图 2　化学键理论的作用机理示意图

三、主要试剂与仪器

化学试剂：硬铝合金，γ-氨丙基三乙氧基硅烷（KH-550），双-[γ-（三乙氧基硅）丙基]四硫化物（BTESPT），氢氧化钠，磷酸三钠，硝酸，无水乙醇，丙酮。

仪器设备：超声波清洗器，酸度计，恒温水浴锅，干燥箱，电子天平，烘箱。

四、实验步骤

1. 试片预处理及硅烷的水解

铝合金试片的尺寸为 25 mm × 25 mm × 2 mm，在边缘打孔，孔径 2 mm，用砂纸打磨，用红胶密封一根铜导线，随后放入丙酮中超声 20 min，用水冲掉表面的丙酮，放入碱洗液（60 g/L NaOH ＋ 10 g/L Na₃PO₄）中进行碱洗，温度 70 ℃，时间 10 min。随后用水冲掉表面残留的碱洗液，用吹风机吹干，处理完毕后放入干燥箱中备用。

按照醇、水体积比 15：85，硅烷体积分数 5 ％制备 KH-550 硅烷溶液，用 1 mol/L 的 NaOH 溶液将其 pH 调至 9，在 25 ℃下水解 2 h 备用；按照醇、水体积比 5：90，硅烷体积分数 5 ％制备 BTESPT 硅烷溶液，用 1 mol/L 的 HNO₃ 溶液将 pH 调至 4，在 25 ℃下水解 48 h 备用。

2. 硅烷膜的制备

① KH-550 硅烷膜。将预处理好的铝合金试片放入水解好的 KH-550 硅烷溶液中浸泡 90 s，随后放至烘箱中高温固化，得到的样品记作试样 Ⅰ。

② BTESPT 硅烷膜。将预处理好的铝合金试片放入水解好的 BTESPT 硅烷溶液中浸泡 5 min，随后放至烘箱中高温固化，得到的样品记作试样 Ⅱ。

③ KH-550＋BTESPT 双层膜。将预处理好的铝合金试片放入水解好的 KH-550 硅烷溶液中浸泡 90 s，自然干燥后，再放入水解好的 BTESPT 硅烷溶液中浸泡 5 min，放入烘箱中高温固化，得到的样品记作试样 Ⅲ。

④ BTESPT＋KH-550 双层膜。将预处理好的铝合金试片放入水解好的 BTESPT 硅烷溶液中浸泡 5 min，自然干燥后，再放入水解好的 KH-550 硅烷溶液中浸泡 90 s，随后放入烘箱中高温固化，得到的样品记作试样 Ⅳ。

五、注意事项

在使用硝酸、丙酮等试剂的时候，要严格遵守操作规范，做好防护并在通风橱中进行。

六、思考题

1. 有哪些表面含有羟基的材料适合用硅烷偶联剂进行改性？
2. 除了制备纳米/聚合物复合微球外，利用硅烷偶联剂还能制备哪些有机-无机杂化材料？

PEG 改性金纳米粒子及其性能

一、实验目的

1. 了解金纳米粒子的制备方法、基本性能与用途。
2. 熟悉 PEG 改性金纳米粒子的意义。
3. 掌握巯基化 PEG 改性金纳米粒子的制备方法。

二、实验原理

金纳米粒子是研究较早的一种纳米材料，在生物学研究中一般将其称为胶体金。它的粒子尺寸一般在 $1 \sim 100$ nm 之间，随粒径的变化呈现不同的颜色和各异的生化性质。由于金纳米粒子具有很高的电子密度，在电子显微镜下具有很好的衬度，因此常被作为电镜测试的标记物。此外，金纳米材料和其他金属纳米材料相比具有更好的安全性，目前在生物医学领域被广泛应用于快速检测、疾病诊断和治疗等。为了提高金纳米粒子在体内的稳定性、生物相容性和体内循环时间，从而获得更加良好的生物学性能，需要对其进行表面功能化修饰。

PEG（聚乙二醇，$HO(CH_2CH_2O)_nH$）是一种常见的高分子，具有众多特异的理化性质。首先，PEG 具有一定的黏度，可以作为黏合剂、包覆剂；其次，能溶于水，可改善其他材料的水溶性；此外，PEG 具有良好的抗蛋白吸附功能，因而具备抗细胞黏附的作用，其低蛋白质亲和力可延长在体内的循环时间，免疫原性低。基于 PEG 优良的水溶性、润滑性以及特异的生物学功能，PEG 修饰（PEGlyation）已成为一种常见的高分子改性策略，用于改善药物的药代动力学、药效学和免疫学等特性。将 PEG 修饰到纳米金颗粒上，纳米金胶体的稳定方式由原来的静电稳定变为空间稳定，稳定状态不易受外界因素的影响，可提高金纳米粒子的稳定性。PEG 无抗原和致免疫性、无毒，进一步改善了金纳米粒子的生物相容性。PEG 在生理环境中对生物分子没有吸附或其他相互作用，有效减少了非特异性蛋白的吸附，延长了循环时间。

金属纳米粒子的主要制备方法可分为物理法和化学法，物理法主要有真空蒸镀法、软着陆法、电分散法和激光消融法等，化学法主要有氧化还原法、电化学法、晶种法、微乳液法、相转移法、模板法。本实验主要通过氧化还原法制备金纳米粒子，在含有高价金离子的溶液中加入还原剂，金离子被还原而聚集成纳米粒子。所用还原剂包括柠檬酸钠、硼氢化钠、磷、十六烷基苯胺、聚乙二醇、聚苯胺等。其中以柠檬酸钠还原法最为经典，以柠檬酸二钠为还原剂在热水溶液中将 $[AuCl_4]^-$ 还原，该方法制备简单，得到的颗粒性质稳定。然后用含巯基配体对纳米金进行修饰，常用试剂为谷胱甘肽、巯基丙酸、半胱氨酸、半胱胺、二巯基辛酸及巯基聚乙二醇等，本实验通过巯基聚乙二醇对金纳米球进行修饰。

三、主要试剂与仪器

化学试剂：超纯水，王水，丙酮，乙醇，巯基聚乙二醇（PEG-SH，分子量 2000），四氯金酸三水合物，二水柠檬酸钠（$C_6H_5Na_3O_7 \cdot 2H_2O$）。

仪器设备：三颈瓶，冷凝管，水浴锅，电磁搅拌器，玻璃试管，离心机，烘箱。

四、实验步骤

① 实验装置的准备。所有玻璃器皿都用王水清洗，用超纯水、乙醇和丙酮冲洗，并在使用前用烘箱烘干。

② 实验药品的准备。配制 100 mL 1 mmol/L 的 $HAuCl_4 \cdot 3H_2O$ 水溶液、5 mL 170 mmol/L 的 $C_6H_5Na_3O_7 \cdot 2H_2O$ 水溶液、巯基化 PEG。

③ 金纳米粒子的制备。将 $HAuCl_4 \cdot 3H_2O$ 水溶液加热到 95℃并搅拌，量取 2.8 mL $C_6H_5Na_3O_7 \cdot 2H_2O$ 水溶液快速加到 $HAuCl_4 \cdot 3H_2O$ 水溶液中，溶液颜色立即从淡黄色变成无色，大约 70 s 后变成深蓝色，2 min 后变成深紫红色。继续加热搅拌 35 min，自然冷却到室温后继续搅拌 5 min。该方法得到的金纳米粒子平均直径为 15 nm。

④ PEG 改性。在搅拌下，将 1 mL 的 PEG-SH 加到上述制备的金纳米粒子中，继续搅拌 1 h。通过 15000 r/min 离心 45 min 除去多余的 PEG-SH。洗涤后再用水分散，观察 PEG-SH 的稳定性。

五、注意事项

1. 使用王水和内酮时注意安全。

2. 实验过程中搅拌时间不宜过短。

3. 金可与巯基之间形成很强的 Au—S 共价键，导致 PEG 共价附着在金纳米颗粒上，得到的胶体溶液在几个月内非常稳定，并且能够进行过滤和冷冻干燥处理。

六、思考题

1. 可通过哪些测试方法对纳米金和 PEG 改性金纳米粒子进行表征？

2. 不同大小金纳米粒子结合相同分子量的 PEG 数目有何变化？

3. 在金纳米粒子大小不变的情况下，改变 PEG 分子量得到的不同 PEG 改性金纳米粒子的稳定性有何变化？可以用哪种方式表征？

实验 23

PVC/纳米 TiO$_2$ 复合材料的制备及力学性能测试

一、实验目的

1. 了解无机纳米材料改性 PVC 塑料的原理。

2. 掌握纳米 TiO_2/PVC 复合材料的制备方法。

3. 掌握塑料力学性能的测试方法。

二、实验原理

塑料改性是指通过物理、化学或者物理与化学相结合的方法，改善塑料材料原有的性能，或赋予其新的功能。塑料改性按方法分类可分为：共混改性、共聚改性等。按照用途可分为：增韧改性、增强改性、发泡改性等。共混改性因具有简单易行、生产规模不受限制等优点，在塑料改性中展示出巨大的应用优势。共混改性是指在树脂基材中，添加一定量的无机或有机填充料、助剂等，通过热-机械物理共混，促使填料、助剂等添加剂均匀地混炼，并均匀地分散在聚合物基材的母体中，从而改变塑料基材的性能，或降低塑料制品的原料成本，达到预期效果或增量的目的。

聚氯乙烯（PVC）是一种用途广泛的通用塑料，其产量仅次于聚乙烯。PVC 在加工应用中，因添加增塑剂量的不同，分为硬制品和软制品。其中，PVC 硬制品又称为硬质 PVC，不含增塑剂或只含很少量的增塑剂。硬质 PVC 若不进行改性，其抗冲击性能甚低，不能作为结构材料使用。因此，作为结构材料使用的硬质 PVC 需要进行增韧改性，增韧改性可通过共混方式进行，所用的改性剂可以是氯化聚乙烯（CPE）、丙烯腈-丁二烯-苯乙烯的共聚物（ABS）等聚合物，也可以是 $CaCO_3$、TiO_2 等纳米粒子。

从断裂力学的角度来看，塑料的拉伸断裂过程是裂纹的生成和扩展的过程，因此塑料的拉伸强度和断裂伸长率的改变与塑料中裂纹的扩展和消失有关。塑料在外力或外界能量作用下，由于结构缺陷或结构不均匀性产生应力集中而产生银纹，银纹的形成可有效消耗外界能量。但在外力持续作用下，银纹可进一步发展为裂缝而使塑料断裂。当塑料在外力作用下形成裂缝时，如果有无机纳米粒子存在，则在裂缝区的无机纳米粒子的活性表面会与裂缝两端的高分子链作用，形成丝状连接的结构，使产生的裂缝又回到银纹状态，从而使裂缝终止并转化为银纹，延迟了塑料的破裂，即提高了塑料的冲击韧性和拉伸强度。当然，无机纳米粒子的加入量不是越多越好。纳米粒子粒径小、比表面积大、活性高，有团聚的倾向，当含量过多形成团聚体至一定尺寸时，由于其体积超过裂缝体内部空隙，不能使裂缝转换为银纹，此时无机纳米粒子反而起到应力集中作用，使基体韧性和强度降低。

针对硬质 PVC 抗冲性能不佳以及无机纳米粒子可对聚合物增韧改性的特点，本实验利用 TiO_2 纳米粒子与 PVC 树脂复合，显著提高 PVC 制品的力学性能。同时，TiO_2 具有优异的光学和抗菌性能，因此纳米 TiO_2 复合的纳米塑料具有抗紫外线和抗菌功能，可用于制备食品级的 PVC 塑料薄膜。

三、主要试剂与仪器

化学试剂：PVC 树脂，纳米 TiO_2，邻苯二甲酸二辛酯（DOP），三碱式硫酸铅，二碱式硬脂酸铅，硬脂酸铅，硬脂酸钙，硬脂酸。

仪器设备：转矩流变仪，扣压摇摆式小型粉碎机，冲片机，压片机，万能材料试验机，哑铃型标准裁刀，游标卡尺，电热鼓风干燥箱。

四、实验步骤

① 按 100 份 PVC、40 份 DOP、2.5 份三碱式硫酸铅、1.5 份二碱式硬脂酸铅、0.5

份硬脂酸铅、0.5 份硬脂酸钙、0.5 份硬脂酸、4 份纳米 TiO_2 的顺序依次加到扣压摇摆式小型粉碎机中，高速搅拌混合 5 min。

② 混合料在烘箱中 85 ℃预塑化 2 h。

③ 预塑化后的粉料在转矩流变仪中熔融混合塑化，工艺条件见表 1。

表 1   转矩流变仪工艺参数

M_1 温度	M_2 温度	M_3 温度	转子转速	密炼时间
170 ℃	170 ℃	170 ℃	60 r/min	10 min

④ 将从转矩流变仪中密炼后的 PVC 塑料趁热压成片状。

⑤ 在压片机上将片状 PVC 塑料压延成约 1 mm 厚度的 PVC 薄膜，工艺条件见表 2。

表 2   压片机工艺条件

上板温度	中板温度	下板温度	预热时间	压延时间	压力
170 ℃	170 ℃	170 ℃	120 s	240 s	5 MPa

⑥ 用哑铃型标准裁刀在冲片机上将厚度为 1 mm 左右的 PVC 薄片制备成符合 GB/T1040.3—2006 要求的测力学性能的试样，沿横向和纵向各取 3 条，精确测量试样细颈处的宽度和厚度，并在细颈部分划出长度标记。

⑦ 在万能材料试验机上测量 PVC/纳米 TiO_2 复合材料的拉伸强度和断裂伸长率。

五、实验结果和处理

1. 实验数据记录

将实验数据记录在表 3 中。

表 3   实验数据记录表

试样	宽度/mm	厚度/mm	拉伸速率/(mm/min)	拉伸强度/MPa	断裂伸长率/%
1					
2					
3					
4					
5					
6					

2. 实验结果处理

计算试样的平均拉伸强度和平均断裂伸长率。

六、注意事项

1. PVC 树脂和添加剂在转矩流变仪中密炼时，待转矩对时间的曲线走平时结束密炼。

2. 用哑铃型标准裁刀在冲片机冲取薄片测试样时，细颈处测量部分的厚度和宽度要求均匀，并且不能有缺口、缝隙和塑化不均匀等缺陷。

七、思考题

1. 分析实验中加入各助剂的作用。
2. 结合实验结果，分析纳米 TiO_2 对塑料力学性能的影响。

实验 24

表面聚合改性二氧化硅微粒

一、实验目的

1. 熟悉二氧化硅微粒改性的目的与原理。
2. 掌握接枝聚合的特点。

二、实验原理

纳米复合材料是指复合材料的多相结构中，至少有一相的一维尺度达到纳米级。由于纳米粒子尺寸大于原子簇而小于通常的微粉，处在原子簇和宏观物体的过渡区域，因而在表面特性、磁性、催化性能方面与常规材料相比显示出特异的性能。无机纳米粒子/聚合物复合材料是纳米复合材料研究的一个重要领域，制备无机纳米粒子/聚合物复合材料可采用的方法很多，如插层复合法、原位聚合法、溶胶-凝胶法和纳米粒子直接填充分散法。

二氧化硅（SiO_2）微粒是一种无机化工材料，俗称白炭黑，由于是超细纳米级，尺寸范围在 $1 \sim 100$ nm，因此具有许多独特的性质，如具有对抗紫外线的光学性能。将 SiO_2 纳米粒子填充分散到聚合物中制备聚合物基纳米复合材料，能提高聚合物的抗老化、强度和耐化学性能。但 SiO_2 颗粒表面上存在着大量的羟基基团，呈极性、亲水性强，众多的颗粒相互联结成链状，链状结构彼此又以氢键相互作用，形成由聚集体组成的立体网状结构。这种立体网状结构中分子间作用力很强，应用过程中很难均匀分散在有机聚合物中，颗粒的纳米效应很难发挥出来。因此，制备聚合物基纳米复合材料的关键问题就是纳米粒子在材料中的均匀稳定分散。

为了有效解决这一问题，一般常用硅烷偶联剂对其表面改性。硅烷偶联剂是一类具有特殊结构的低分子有机硅化合物，其分子结构通式可表示为 $R—SiX_3$，其中，R 代表与聚合物分子有亲和力或反应能力的基团，如乙烯基、环氧基、氨基、酰胺基等，为亲有机聚合物基团。X 是可进行水解反应并生成硅烃基（Si—OH）的基团，如卤素、氨基、烷氧基和乙酰氧基等。硅醇基团可和无机物（如无机盐类、硅酸盐、金属及金属氧化物等）发生化学反应，生成稳定的化学键，将硅烷与无机材料连接起来。因此硅烷偶联剂分子被认为是连接无机材料和有机材料的分子桥，能将两种性质悬殊的材料牢固地连接在一起，形成无机相/硅烷偶联剂/有机相的结合形态，从而增加了 SiO_2 颗粒与基体材料的结合力。

但利用小分子偶联剂直接修饰的纳米粒子加入基体后，与基体的相容性不佳，而且小分子偶联剂在无机填料表面形成界面层的结构和性能难于调节，可通过接枝聚合进一步改性 SiO_2。本实验采用偶联剂 KH-570 和大分子 PMMA 对 SiO_2 纳米粒子进行表面修饰，从而实现对纳米粒子的聚合物包覆处理。由于 SiO_2 纳米颗粒表面含有—OH 官能团，偶联剂中与硅原子相连的 Si—X 基水解，生成 Si—OH 的低聚硅氧烷。低聚硅氧烷中的 Si—OH 与 SiO_2 基体表面的—OH 形成氢键。在加热固化过程中，伴随脱水反应而与基材形成共价键链接。偶联剂修饰的 SiO_2 纳米粒子在偶氮类引发剂作用下，引发甲基丙烯酸甲酯单体发生接枝聚合，得到 SiO_2 纳米颗粒为核，聚甲基丙烯酸甲酯为壳的复合微球。最终改变 SiO_2 纳米颗粒表面的物化性质，提高与其有机分子的相容性和结合力，改善加工工艺。

三、主要试剂与仪器

化学试剂：纳米 SiO_2 粒子（平均粒径 10 nm，比表面积 640 m^2/g），偶联剂 KH-570，聚丙烯（PP），甲基丙烯酸甲酯（MMA），偶氮二异丁腈（AIBN），甲苯，丙酮，聚丙烯。

仪器设备：四颈瓶，冷凝管，温度计，油浴锅，电动搅拌器，玻璃试管，双辊筒炼塑机，平板硫化机。

四、实验步骤

① SiO_2 纳米粒子表面烷基化。在四颈瓶中加入 156 g 干燥的纳米 SiO_2 粒子和 250 mL 甲苯，采用超声波和电动搅拌均匀分散后，加入 2 g 的 KH-570，同时通入 N_2 保护，在 115 ℃下回流 2 h，然后结束反应。

② SiO_2-g-PMMA 复合粒子的制备。在上述反应的基础上，将温度下降到 70 ℃，继续通 N_2 搅拌，滴加 40 g MMA 单体和 4 g AIBN 引发剂进行溶液聚合，反应时间为 4 h。

③ 复合材料试样的制备。将已干燥的 PP（含有助剂）与纳米 SiO_2-g-PMMA 以 24∶1 的比例在温度为 180℃的双辊筒炼塑机上塑化 10 min，然后在平板硫化机上模压，温度为 200 ℃，压力为 10 MPa，制样，样条存放 16 h 后测试其力学性能。

④ 力学性能测试。将上述制备的复合材料与纯 PP 做拉伸与冲击强度测试，考查改性前后 PP 力学性能的差异。

五、注意事项

1. 表面烷基化过程中要保证底物搅拌均匀。
2. 注意控制温度稳定与反应时间，严格按照比例添加材料。

六、思考题

1. 溶液聚合的优点及缺点是什么？此方法多用于工业上哪些材料的合成？
2. 改性二氧化硅微粒过程中的烷基化处理的目的是什么？
3. 改性后的二氧化硅微粒作为填料与改性前相比有何优点？

实验 25

多孔 SiC 陶瓷表面的超疏水改性

一、实验目的

1. 掌握接枝聚合法的特点和聚合方法。
2. 熟悉超疏水陶瓷材料的制备方法，了解其工艺过程。

二、实验原理

陶瓷膜是无机膜中的一种，属于膜分离技术中的固体膜材料，它主要以氧化铅、氧化锆、氧化钛和氧化硅等无机陶瓷材料作为支撑体，经表面涂膜、高温烧制而成。与传统的有机高分子聚合物分离膜相比，陶瓷膜具有良好的化学稳定性、热稳定性、机械强度、清洗性能和抗微生物破坏性能，并且陶瓷膜材料具有孔径分布窄、分离效率高等优点，广泛运用于食品、环保、石油、化工、生物工程等领域。

随着工业化进程的加快，石油被广泛应用于化工、冶金及采矿等领域，使用过程中产生的废油排放会造成污染和资源浪费。因此，迫切需要能够有效分离含油体系的方法。目前传统的分离方法有机械分离法、重力沉降法、化学破乳法等。然而，这些分离方法存在成本高、分离效率低、易造成二次污染等缺点，限制了其应用。近几年发展起来的疏水-亲油膜材料，对油有较高的润湿性且能阻挡水滴透过，在主相为油的含油体系分离中可以有效降低膜污染，提高膜通量。有机膜多为疏水膜且价格低廉，但有机膜长期与油等有机溶剂接触易发生溶胀现象，影响膜的使用寿命，且有机膜不耐高温，不适宜油品在高温下进行分离。陶瓷膜具有化学稳定性好、耐高温、使用寿命长等特点，在含油体系分离中具有独特优势。但是，目前商品化的陶瓷膜主要是亲水性的氧化物膜，要使其应用于含油体系的分离，必须对其表面进行疏水改性。目前多采用有机硅烷接枝聚合的方法对氧化物陶瓷膜进行疏水改性。SiC 膜作为一种新型陶瓷膜材料，相较于氧化物陶瓷膜，具有更好的亲水性。为进一步提高陶瓷膜在含油体系分离中的过程通量，本实验以正辛基三乙氧基硅烷和无水乙醇分别作为改性剂和溶剂，采用接枝法对 SiC 膜进行超疏水改性。首先采用化学沉积法在多孔 SiC 陶瓷表面构造 ZnO 微纳结构以增加表面粗糙度，之后用接枝法引入疏水基团降低表面自由能。

三、主要试剂与仪器

化学试剂：二水醋酸锌，叔丁醇，高锰酸钾，单乙醇胺，氨水，正辛基三乙氧基硅烷，无水乙醇，260 号溶剂油，去离子水，多孔 SiC 陶瓷（平均孔径为 500 nm，直径为 4.2 cm）。

仪器设备：水浴锅，聚四氟乙烯（PTEE）烧杯，磁力搅拌器，烘箱，玻璃试管。

四、实验步骤

1. 多孔陶瓷表面预处理

将 0.3161 g 高锰酸钾、40 mL 去离子水和 0.1 μL 叔丁醇依次加入聚四氟乙烯 (PTEE) 烧杯中，配制出高锰酸钾水溶液。将多孔 SiC 陶瓷片放入 PTEE 烧杯中，室温下搅拌 1 h 后取出，放入去离子水中超声清洗，直到多孔陶瓷表面无残留紫色液体。

2. 多孔陶瓷表面构造 ZnO 微纳结构

将一定量的二水醋酸锌、4mL 单乙醇胺、1 mL 氨水和 35 mL 去离子水依次加入 PTEE 烧杯中，配制 Zn^{2+} 浓度为 75 mmol/L 的 ZnO 沉积液。待沉积液加热到 96 ℃时，将上述经过预处理的多孔 SiC 陶瓷片分别放入盛有 Zn^{2+} 的 PTEE 烧杯中，并置于水浴锅中搅拌。反应 3 h 后，用大量去离子水多次冲洗多孔 SiC 陶瓷片，直至多孔陶瓷表面无白色沉淀。最后将多孔 SiC 陶瓷片放入 100 ℃烘箱中干燥 1 h。

3. 陶瓷表面硅烷试剂接枝改性

将正辛基三乙氧基硅烷溶解于无水乙醇中，配制浓度为 0.2 mol/L 的改性液。然后将具有 ZnO 微纳结构的陶瓷片放入盛有改性液的烧杯中，并置于磁力搅拌器上，固定搅拌速率为 300 r/min。将改性液加热至 40 ℃，反应 12 h 后，依次用乙醇、乙醇与去离子水混合液（体积比为 1∶1）、去离子水各冲洗陶瓷片 10 min。最后，将陶瓷片放入 85 ℃烘箱中干燥 5 h，得到超疏水多孔 SiC 陶瓷。

五、注意事项

1. 使用试剂时应注意安全，避免直接接触。
2. 使用油浴锅进行加热搅拌时要时刻注意查看样品反应情况。

六、思考题

1. 超疏水性陶瓷材料有何应用？
2. 本实验中，为何要引入 ZnO？
3. 用正辛基三乙氧基硅烷改性 SiC 陶瓷表面的成键原理是什么？

实验 26

碳纤维增强环氧树脂的制备

一、实验目的

1. 巩固环氧树脂的制备方法及固化机理。

2. 掌握环氧树脂固化时固化剂用量的计算。

3. 掌握碳纤维增强环氧树脂的制备方法。

二、实验原理

环氧树脂是分子中含有环氧基团的树脂的总称。环氧树脂结构中，主链上还含有醚键、仲羟基等极性基团，环氧基团一般处于分子链末端。其极性基团可与多种表面之间形成较强的分子间作用力，而环氧基则可与介质表面的活性基团反应形成化学键，产生强力的黏结，因此环氧树脂具有独特的黏附力。环氧树脂胶黏剂对多种材料具有良好的黏接性能，而且耐腐蚀、耐溶剂、抗冲性能和电性能良好，广泛应用于金属防腐蚀涂料、建筑工程中的防水堵漏材料、灌缝材料、胶黏剂、复合材料等工业领域。环氧树脂使用时须加入固化剂进行固化，生成立体网状结构的产物，才会显现出各种优良的性能，成为具有真正使用价值的环氧材料。树脂中环氧基的含量是反应控制和树脂应用的重要参考指标，根据环氧基的含量可计算产物分子量，环氧基含量也是计算固化剂用量的依据。

碳纤维具有高强度、高模量、高硬度-质量比和在相对较高温度下性质稳定等特点，能够与其他材料复合，改善材料的力学性能。碳纤维与环氧树脂复合形成的复合材料具有更加优异的性能，其比强度、比模量以及疲劳强度均比钢强，既可作为结构材料承载负荷，又可作为功能材料发挥作用。它还具有密度小、热膨胀系数小、耐腐蚀和抗蠕变性能优异及整体性好、抗分层、抗冲击等特点。在加工成型过程中，碳纤维增强环氧树脂复合材料具有易大面积整体成型等独特优点，作为一种新型的先进复合材料，其在质量、刚度、疲劳特性等有严格要求的领域以及要求高温、化学稳定性高的场合，成为重要结构材料，广泛用于航空航天、电子电力、交通、运动器材、建筑补强、压力管罐、化工防腐等领域。

工业上考虑到原料来源和产品价格等因素，最广泛使用的是由环氧氯丙烷和双酚 A 缩聚而成的双酚 A 型环氧树脂。其固化剂种类很多，所用固化剂不同，固化机理也不同，常用的主要有胺类和酸酐。其中脂肪族胺类能在室温下反应，为室温固化剂，芳香族胺类常在加热下固化。使用胺固化时，固化反应为多元胺的氨基与环氧树脂中的环氧端基之间的加成反应。酸酐如邻苯二甲酸酐、顺丁烯二酸酐、苯酐、均苯四酐也可固化环氧树脂，一般需要在较高温度下进行，反应过程慢，使用期长，毒性小，适于做大型制品。本实验首先通过环氧氯丙烷和双酚 A 缩聚制备双酚 A 环氧树脂，然后将氧化处理的碳纤维布与之复合，制备碳纤维增强环氧树脂复合材料。

三、主要试剂与仪器

化学试剂：环氧氯丙烷，双酚 A，乙二胺，氢氧化钠，甲苯，盐酸-丙酮溶液（2 mL 浓盐酸溶于 30 mL 丙酮中混合均匀，即用即配），酚酞指示剂（0.1％乙醇溶液），硝酸，丙酮，去离子水，石蜡。

仪器设备：万能制样机，平板硫化机，万能材料试验机，Q600 同步热分析仪，恒温水浴装置，机械搅拌器，四颈烧瓶，三颈烧瓶，冷凝管，温度计，恒压滴液漏斗，分液漏斗，移液管，滴定管，表面皿，锥形瓶，烧杯。

四、实验步骤

1. 环氧树脂的合成

称取 34.2 g(0.15 mol) 双酚 A 加入三颈烧瓶内,加入 42 g(0.45 mol) 环氧氯丙烷,装上机械搅拌器、温度计、恒压滴液漏斗、冷凝管,开始搅拌。加热至 70 ℃ 使双酚 A 全部溶解,缓慢滴加氢氧化钠水溶液(12 g 氢氧化钠 + 30 mL 水),约 2 h 内滴完,滴加过程中保持温度不超过 75 ℃。75 ℃ 继续反应 1.5 h 后停止加热,用 25 % 盐酸中和反应液至中性。向反应瓶中加入 45 mL 去离子水和 90 mL 甲苯,搅拌均匀后通过分液漏斗分液,收集上层有机相用去离子水洗涤三次。减压蒸馏除去溶剂甲苯和未反应的环氧氯丙烷,蒸馏到无馏出物为止,控制蒸馏最终温度为 110 ℃,得到淡黄色透明黏稠树脂。

2. 环氧值的测定

准确称取环氧树脂 0.5 g 于锥形瓶中,用移液管加入 25 mL 盐酸-丙酮溶液,微热使树脂完全溶解后,放置阴暗处 1.5 h,加酚酞指示剂 3 滴,用 0.1 mol/L 的 NaOH 标准溶液滴定至粉红色为终点。平行试验一次,同时按上述条件作空白对比。

3. 碳纤维增强环氧树脂复合材料的制备

① 碳纤维预处理。将碳纤维布裁剪成 12 cm×12 cm 的方块,于装有丙酮的 1000 mL 烧杯中浸泡 2 天,取出烘干后用 60 % 硝酸浸泡 30~50 min,晾干待用。

② 环氧树脂液的配制。按一定用量将上述合成的环氧树脂和乙二胺固化剂迅速混合配胶,固化剂用量比理论值大 10 %。固化剂理论用量按下式计算得到:

$$G = EMm/(100H)$$

式中,G 为每 m(g) 的环氧树脂所需固化剂的理论用量;M 为所用胺的分子量;H 为胺分子上活泼氢原子的总数;E 为环氧树脂的环氧值。实际固化剂使用量为 $G×1.1$。

③ 复合材料的制备。在 20 cm×20 cm 的玻璃板上铺上聚丙烯薄膜,再在上面涂上一层液状石蜡,将处理后的碳纤维布于室温用毛刷将树脂胶液均匀涂抹在试样的两面,平铺在玻璃板上,每铺一层碳纤维布再用毛刷均匀刷涂胶液,总共铺 7~9 层。在烘箱中于 60 ℃ 烘干 3 h。将此碳纤维预浸布裁剪成模具成型区尺寸大小,放入平板硫化机中热压成型。

④ 复合材料性能测试。在万能制样机上制成标准样条,在万能材料试验机上测试力学性能。拉伸性能,参照 ASTM D3039—2000 标准测定;复合材料弯曲性能,参照 GB/T 3356—2014 标准测定;复合材料热稳定性,使用 TGA 法,氮气气氛,升温速率为 20 ℃/min。

五、实验结果和处理

环氧树脂环氧值:_____;固化剂用量:_____;

弯曲强度:_____;弯曲模量:_____;拉伸强度:_____;

拉伸模量:_____;断裂伸长率:_____;热失重 5 % 温度:_____。

六、注意事项

1. 在环氧树脂制备中，碱液滴加速率应根据反应温度及反应凝聚情况来调整。若发生凝聚，可暂停滴加，等聚合物溶解后再滴加。

2. 环氧氯丙烷和环氧树脂具有反应活性，可与皮肤中胶原蛋白中的活性氢反应，应该减少与皮肤接触，注意洗手。

七、思考题

以双酚 A 型-环氧氯丙烷树脂为例，写出环氧树脂和两类固化剂反应的基本方程式。

实验 27

氧化锌晶须增强聚丙烯复合材料的制备及性能

一、实验目的

1. 熟悉常用偶联剂对氧化锌晶须增强体的处理原理。
2. 掌握氧化锌晶须增强聚丙烯复合材料的制备办法。
3. 了解复合材料力学性能及导电性能的测试办法。

二、实验原理

聚丙烯（PP）作为五大通用塑料之一，具有原料来源丰富、合成工艺简单、密度小、价格低、质优价廉的特点，广泛应用于化工、建筑、家用电器、包装和汽车等领域。但 PP 存在冲击性能不足、低温脆性、机械强度和硬度较低、成型收缩率大、易老化、耐温性差等缺点。此外，PP 具有较高的体积电阻和表面电阻，属于高绝缘的易燃材料。其制品在使用过程中容易产生静电堆积，导致火花放电，进而引发燃爆事故，因而大大限制了它在石化、采矿、电子等领域的广泛应用。为了改善聚丙烯的力学及电学性能，常见策略是利用无机（金属）颗粒、纤维等对 PP 进行填充改性，或将其与其他聚合物共混改性。利用无机粉体或金属微粒对 PP 进行填充改性时，为获得较好的导电性能，通常需要较大的填充量（其体积分数通常在 20 ％以上）。此时很难保证微粒粉体在基体中的匀称簇拥，所制备的复合材料加工性能也较差。而采用一维金属纤维或无机纤维填充 PP 时，虽然可在较低的纤维含量下制备力学性能和电学性能较好的复合材料，但通常的复合成型工艺导致这类复合材料的性能呈现各向异性，从而在一定程度上限制了它的广泛应用。利用添加导电高分子（如聚苯胺、聚乙炔等）进行共混改性可以制备导电高分子复合材料，但这类共混复合材料通常难以同时获得较好的力学性能和电学性能。

四针状氧化锌晶须（T-ZnOw）于 20 世纪 40 年代被发现，是目前唯一具有三维立体结构的晶须。因其独特的立体四针状结构、高强度及半导体等性质，被认为是一种性能优良的填料，可广泛用作金属、合金、陶瓷、塑料、橡胶等材料的增加剂、导电填料等。作为聚合物增强材料时，T-ZnOw 可从 4 个不同的空间方向与聚合物接触，从而各向同性地改善基体材料的力学性能和电性能，这一特性不同于一维纤维填充体。此外，以 T-ZnOw 作为添加剂时优于炭黑类导电添加剂，可以保持基体聚合物的原色。同时，因为 T-ZnOw 的耐高温性、导热性和低膨胀系数，能提高材料在高温下的化学和尺寸稳定性，因此，T-ZnOw 被认为是一种性能优良的填料，在抗静电高分子复合材料和增强复合材料综合性能等领域中展现出巨大的应用前景。

三、主要试剂与仪器

化学试剂：四针状氧化锌晶须（T-ZnOw），硅烷偶联剂（KH-570），聚丙烯树脂（PP），抗氧剂（1010），无水乙醇。

仪器设备：注塑机，万能材料试验机，转矩流变仪，悬臂梁冲击试验机，超高电阻仪，平板硫化机。

四、实验步骤

1. 氧化锌晶须的表面偶联剂改性

将 5 g 硅烷偶联剂 KH-570 加入盛有 200 mL 无水乙醇的烧杯中，超声振荡，使偶联剂完全溶解簇拥在无水乙醇中。将 100 g 干燥后的 T-ZnOw 加入上述烧杯中，超声振荡，然后在 40 ℃ 搅拌 30 min，过滤，再在 60 ℃ 下真空干燥 1 d 后得到处理好的氧化锌晶须。

2. 氧化锌晶须增强聚丙烯复合材料的制备

① 力学性能测试用复合材料样条的制备。按质量比为 4 ％、8 ％、12 ％、16 ％和 20 ％的比例，将改性及未改性的 T-ZnOw 加入 PP 基体中，混合均匀后注塑成标准样条。注塑温度：喷嘴 185 ℃、机筒一段 180 ℃、机筒二段 180 ℃、机筒三段 170 ℃，注射压力 35 MPa。

② 电学性能测试用复合材料样条的制备。按质量比为 4 ％、8 ％、12 ％、16 ％和 20 ％的比例，将改性及未改性的 T-ZnOw 加入 PP 基体中，在转矩流变仪中混炼一定时间出料，然后将料加入模具中，将电极预埋在试样中，一起在平板硫化机上 200 ℃ 模压成型制备样条。

3. 力学性能测试

拉伸强度和断裂伸长率的测试按 GB/T 1040.1—2018 进行，拉伸速率为 50 mm/min，测试温度为 20 ℃；弯曲强度的测试按 GB/T 9341—2008 进行，弯曲速率为 2 mm/min。

4. 体积电阻率测定

测试办法参照国标 GB/T 31838.2—2019。测试电压为 500 V，充电时间为 15 s，测试温度为（20±2）℃，相对湿度为（65±5）％。电极在模压前预埋在试样中一起成型。复合材料的体积电阻率由下式计算：$\rho = Rhd/L$。

式中，R 为测得的电阻值，Ω；h 为试样的厚度，cm；d 为试样的宽度，cm；L 为两电极间的距离，cm。

五、实验结果和处理

性能测试数据记录在表 1 中。计算平均值，并将性能数据对 T-ZnOw 含量作图，分析最佳 T-ZnOw 用量。

表 1　氧化锌晶须含量对弯曲强度的影响

晶须含量/%	弯曲强度/MPa	弯曲模量/MPa	拉伸强度/MPa	弹性模量/MPa	断裂伸长率/%	冲击强度/(kJ/m²)
0						
4						
8						
12						
16						
20						

六、注意事项

1. 在注塑制样中需佩戴手套取样条，防止烫伤。

2. 在体积电阻率测试中，人体不能接触红色接线柱，不能取试样，由于此时"放电-测试"开关处在"测试位置"，该接线柱与电极上都有测试电压，危险。

3. 在体积电阻率测试中，试样与电极应加以屏蔽（将屏蔽箱合上盖子），否则，会因为外来电磁干扰而产生误差，甚至因指针的不稳定而无法读数。

实验 28

玻璃纤维增强不饱和聚酯复合材料

一、实验目的

1. 了解控制线形聚酯聚合反应的原理及方法。
2. 掌握玻璃纤维增强塑料（玻璃钢）的实验技能。
3. 掌握不饱和聚酯树脂的聚合机理和制备方法。

二、实验原理

不饱和聚酯树脂，一般是由不饱和二元酸或酸酐与二元醇或者饱和二元酸与不饱和二元醇缩聚而成的具有酯键和不饱和双键的线形高分子化合物。通常情况下缩聚反应结束后，趁热加入一定量的活性单体配制成一定黏度的液体树脂，称为不饱和聚酯树脂。不饱和聚酯树脂最大的优点是工艺性能优良，可以在室温下固化，常压下成型，工艺性能灵活，特别适合大型和现场制造玻璃钢制品，所以在热固性树脂中不饱和聚酯树脂的用量最大。

常用来合成不饱和聚酯的二元酸或酸酐主要有：顺丁烯二酸、反丁烯二酸、顺丁烯二酸酐。醇主要包括：乙二醇、1,2-丙二醇、丙三醇等。最常用的不饱和聚酯是由顺丁烯二酸酐和1,2-丙二醇合成的，其反应机理如下。

酸酐开环并与羟基加成形成羟基酸：

$$HC{=}CH\ \text{(酸酐)} + HOCH_2CH_2OH \longrightarrow HO-\underset{O}{\overset{O}{C}}-CH{=}CH-\underset{O}{\overset{O}{C}}-OCH_2CH_2OH$$

形成的羟基酸可进一步进行缩聚反应，如羟基酸分子间进行缩聚：

$$2\ HO-\underset{O}{\overset{O}{C}}-CH{=}CH-\underset{O}{\overset{O}{C}}-OCH_2CH_2OH \Longleftrightarrow$$

$$HO-\underset{O}{\overset{O}{C}}-CH{=}CH-\underset{O}{\overset{O}{C}}-OCH_2CH_2O-\underset{O}{\overset{O}{C}}-CH{=}CH-\underset{O}{\overset{O}{C}}-OCH_2CH_2OH + H_2O$$

或者羟基酸与二元醇进行缩聚反应：

$$HO-\underset{O}{\overset{O}{C}}-CH{=}CH-\underset{O}{\overset{O}{C}}-OCH_2CH_2OH + HOCH_2CH_2OH \Longleftrightarrow$$

$$HOCH_2CH_2O-\underset{O}{\overset{O}{C}}-CH{=}CH-\underset{O}{\overset{O}{C}}-OCH_2CH_2OH + H_2O$$

在实际生产中，为了改进不饱和聚酯最终产品的性能，常常加入一部分饱和二元酸（或其酸酐），如邻苯二甲酸酐，进行共聚缩合。

三、主要试剂与仪器

化学试剂：

名称	试剂	规格	名称	试剂	规格
单体	顺丁烯二酸酐	AR	其他	对苯二酚	AR
	邻苯二甲酸酐	AR		二甲苯胺	AR
	1,2-丙二醇	AR		邻苯二甲酸二辛脂	AR
	苯乙烯	AR		氢氧化钾-乙醇溶液	自制
引发剂	过氧化苯甲酰	AR		玻璃纤维方格布	
				石蜡	
				聚丙烯薄膜	

仪器设备：250 mL 磨口四颈瓶一个，300 mm 球形冷凝管一个，300 mm 直形冷凝管一个，100 mL 油水分离器一个，蒸馏头一个，150 ℃、200 ℃温度计各一支，250 mL 广口试剂瓶一个，250 mL 锥形瓶两个，加热、控温、搅拌装置（一套），玻璃板，烧杯，刮刀，N₂ 钢瓶。

四、实验步骤

1. 不饱和聚酯树脂的合成

① 将干净的玻璃仪器按实验装置图 1 安装好，并检查反应瓶磨口的气密性。

② 向装有搅拌器、回流冷凝管、油水分离器、通氮导管和温度计的四颈瓶中依次加入顺丁烯二酸酐 9.8 g、邻苯二甲酸酐 14.8 g、1,2-丙二醇 9.2 g。加热升温，并通入氮气保护。同时在蒸馏头出口处接上直形冷凝管，并通入水冷却。用 25 mL 已干燥称重的烧杯接收馏出的水分。

③ 30 min 内升温至 80 ℃，充分搅拌，1.5 h 后升温至 160 ℃，保持此温度 30 min 后，取样测酸值。逐渐升温至 190～200 ℃，并维持此温度。控制蒸馏头温度在 102 ℃以下。每隔 1 h 测一次酸值。酸值小于 80 mg KOH/g 后，每 0.5 h 测一次酸值，直到酸值达到（40±2）mg KOH/g。

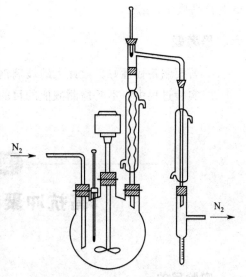

图 1　不饱和聚酯树脂合成装置

④ 停止加热，冷却物料至 170～180 ℃时加入对苯二酚和石蜡，充分搅拌，直至溶解。待物料降温至 100 ℃时，将称量好的苯乙烯迅速倒入反应瓶内，要求加完苯乙烯后的物料温度不超过 70 ℃，充分搅拌，使树脂冷却到 40 ℃以下，再取样测一次酸值。

⑤ 称量馏出水，与理论出水量比较，估计反应程度。

2. 玻璃纤维增强塑料的制备

① 在烧杯中，将不饱和聚酯树脂 100 份、过氧化苯甲酰-邻苯二甲酸二辛酯糊 4 份、二甲苯胺 0.01 份，混合并搅拌均匀，备用。

② 裁剪 100 mm×100 mm 的玻璃布十块，备用。

③ 在光洁的玻璃板上，铺上一层玻璃纸，再铺上一层玻璃布，用刮刀刷上一层树脂，使之渗透，小心驱逐气泡，再铺上一层玻璃布，反复此操作，直到所需厚度，最后再铺上一层玻璃纸，驱逐气泡，并压上适当的重物。

④ 放置过夜，再于 100～150 ℃烘 2 h，得到产品，俗称玻璃钢（FRP）。

五、注意事项

1. 顺丁烯二酸酐有毒，称量时不要接触皮肤。另外顺丁烯二酸酐及邻苯二甲酸酐易吸水，称量时要快，以保证配比准确。

2. 本实验中需要不断测试体系酸值，酸值测定具体方法如下：

聚合物的酸值定义为 1 g 聚合物所消耗的 KOH 的质量，是聚合物羧基含量的另一种说法，其测定方法与聚合物羧基滴定完全一样。

精确称取 1 g 树脂，置于 250 mL 锥形瓶，加入 25 mL 丙酮，溶解后加入 3 滴酚酞指示剂，用浓度为 0.1 mol/L 的氢氧化钾-乙醇标准溶液滴定至终点。酸值（mgKOH/g）由式（1）计算得到：

$$酸值=(V×c×0.056×1000)/m \tag{1}$$

式中，V 为滴定试样所消耗的 KOH 标准溶液的体积；c 为 KOH 的物质的量浓度；m 为样品质量，g。

六、思考题

1. 若要制备韧性好、柔性大的玻璃钢，应如何设计配料？
2. 实验过程中，不断检测酸值的目的是什么？为什么？

实验 29

高抗冲聚苯乙烯的制备

一、实验目的

1. 掌握自由基本体聚合的特点和聚合方法。
2. 熟悉有机玻璃棒的制备方法，了解其工艺过程。

二、实验原理

聚苯乙烯（PS）树脂是五大通用性合成树脂之一，按产量仅次于 PE、PVC 和 PP 而居第四位，具有透明性好、电绝缘性能好、刚性强，以及耐化学腐蚀性好、耐水性好、着色性好和良好的加工流动性等特点，且价格低廉，在电子、日用品、玩具、包装、建筑、汽车等领域有广泛应用。然而通用型聚苯乙烯，质硬而脆、机械强度不高、耐热性较差，且易燃。其最大的缺点是抗冲击性能较差。提高 PS 的冲击性能，是使其更具应用价值的重要途径。早在 1948 年，DOW 化学公司就开发出了抗冲聚苯乙烯。1952 年，DOW 化学公司又开发出高抗冲聚苯乙烯（HIPS），此后，关于高抗冲聚苯乙烯的研究不断取得进展。HIPS 具有尺寸稳定、电绝缘性好、易于加工、成本低廉、综合性能优良等优点，从而在包装、器械、家电及玩具等领域被广泛使用。

制备 HIPS，主要方法有机械共混法和接枝共聚-共混法等。机械共混法生产 HIPS，是在混炼设备中，将 PS 与顺丁橡胶或丁苯橡胶（含量 10 %～20 %）进行机械混合，制备聚合物共混物。接枝共聚-共混法生产 HIPS，是以橡胶为骨架，接枝苯乙烯单体而制成的。在共聚过程中，也会生成一定数量的 PS 均聚物。聚合过程中要经历相分离和相反转，最终得到以 PS 为连续相、橡胶粒为分散相的共混体系。接枝共聚-共混法又可分为本体聚合与本体-悬浮聚合两种制备方法。本体聚合法首先将橡胶溶于苯乙烯单体中进行预聚，当转化率达 25 %～40 %时，物料进入若干串联反应器中进行连续本体聚合。本体-

悬浮法是先将橡胶（聚丁二烯橡胶或丁苯橡胶）溶解于苯乙烯单体中，进行本体预聚，并完成相反转，使体系由橡胶溶液相为连续相转化为 PS 溶液相为连续相。当单体转化率达到 33％～35％时，将物料转入置有水和悬浮剂的釜中进行悬浮聚合，直至反应结束，得到粒度分布均匀的颗粒状聚合物。本实验通过本体-悬浮法制备 HIPS（图 1）。

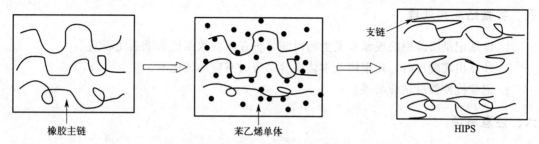

橡胶主链　　　　　苯乙烯单体　　　　　支链　　HIPS

图 1　制备高抗冲聚苯乙烯的示意图

三、主要试剂与仪器

化学试剂：苯乙烯（减压蒸馏），顺丁橡胶，偶氮二异丁腈（重结晶），聚乙烯醇，十烷基硫醇，95％乙醇，聚苯乙烯，264 抗氧剂，对苯二酚，蒸馏水。

仪器设备：三颈瓶，冷凝管，机械搅拌器，温度计，通气管（氮气），称量瓶，烧杯，恒温水浴装置，相差显微镜，烘箱。

四、实验步骤

1. 本体预聚合

称取 4 g 顺丁橡胶，剪成约 1 cm^2 的小块，溶于装有 42.5 g 苯乙烯单体的 250 mL 三颈瓶中，待橡胶充分溶胀后装好搅拌器、冷凝管和温度计。通氮气，并调节水浴温度 70℃，缓慢搅拌 1 h，使橡胶完全溶解。升温至 75℃，加入溶有 0.05 g AIBN 和 0.03 g 十二烷基硫醇的 2.5 g 苯乙烯，反应约 0.5 h。注意观察体系是否由透明变浑浊，取样置于相差显微镜下观察。继续聚合，体系出现爬杆现象。待此现象消失后，立刻取样测定转化率。继续聚合至体系呈乳白色细腻的糊状物，此时聚合时间约 5 h，转化率约 20％。停止加热，再次测定转化率。转化率测定：在称量瓶中加几毫克对苯二酚，称重（m_1）；在称量瓶中加入 1 g 预聚体，称重（m_2）；再加入少量 95％乙醇，烘干后称重（m_3）。

转化率＝$[(m_3-m_1)-(m_2-m_1)\times R\%]/[(m_2-m_1)-(m_2-m_1)\times R\%]\times 100\%$

式中，$R\%$ 为投料的橡胶含量。

2. 悬浮聚合

在装有搅拌器、冷凝管和通氮管的 250 mL 三颈瓶中，加入 150 mL 蒸馏水、1 g 聚乙烯醇，通氮气 20 min，升温至 85℃。在上述本体预聚物中，补加溶有 0.2 g AIBN 的 3 g 苯乙烯，混匀后在搅拌下加入反应器。预聚物被分散为珠状，聚合 4 h 后，升温至 95℃ 反应 2 h，停止加热。继续搅拌至冷却到室温，出料，用自来水洗涤至澄清，过滤，混入 0.05 g 抗氧剂，在烘箱中 60℃ 烘干。

3. 抗冲强度的测定

将合成的 HIPS 和普通聚苯乙烯按 1∶1 比例混炼，制样测定抗冲强度，并与普通聚苯乙烯制备的样品进行比较。

五、实验结果和处理

1. 详细记录实验中的现象及发生的时间（可在实验数据记录纸上完成）。
2. 计算出现爬杆时、预聚体及本体聚合结束时对应的转化率。
3. 记录抗冲强度试验结果。

六、注意事项

1. 本体预聚时要正确判断相转变，在相转变完成后再反应一段时间终止反应，否则产品性能差。
2. 相转变前后控制好搅拌速率。
3. 测定转化率时，要注意取样和称量时盖上盖子，以免单体挥发造成误差。

七、思考题

1. 改善聚苯乙烯抗冲强度有哪些方法？
2. 为什么采用本体-悬浮聚合法合成 HIPS？

实验 30

铝合金的熔炼与铸造

一、实验目的

1. 了解铝合金铸造过程中主要溶剂、涂料、精炼剂、变质剂及中间合金的选择及使用。
2. 掌握井式电阻炉的操作规程及常用熔炼浇铸工具的使用方法。
3. 以 Al-Si 合金为例，掌握铝及铝合金典型的熔炼及浇铸工艺流程。
4. 学会分析铝及铝合金铸环的质量和典型组织。

二、实验原理

铝合金的熔炼和铸造是铝合金铸件生产过程中的重要环节，直接影响合金材料的金相组织，进而影响合金的力学性能、工艺性能和其他性能，因而必须严格控制熔炼、浇铸工艺的过程。铝合金熔铸的主要任务就是提供符合加工要求的优质铸件。本实验遵循铝合金熔炼浇铸过程中的一系列工艺规范。

1. 铝合金熔体的净化

从铝合金熔体中除气、除渣以获得优良铝液的工艺方法和操作过程称为净化。

（1）净化的目的

熔体净化是利用物理-化学原理和相应的工艺措施，去除液态金属中的气体（主要是氢）、固体杂物（主要是 Al_2O_3）和有害元素等，净化铝液，防止在铸件中形成气孔、夹杂、疏松、裂纹等缺陷，从而获得纯净金属熔体。

（2）熔体净化的方法

铝合金熔体净化方法按其作用原理可分为吸附净化和非吸附净化。吸附净化是指通过铝熔体直接与吸附体（如各种气体、液体、固体精炼剂及过滤介质）相接触，使吸附剂与熔体中的气体和固体氧化夹杂物发生物理化学的、物理的或机械的作用，达到除杂的目的。非吸附净化是指不依赖向熔体中添加吸附剂，而是通过某种物理作用如真空、超声波、密度等改变金属气体系统或金属-夹杂物系统的平衡状态，从而使气体和固体夹杂物从铝熔体中分离出来。

2. 铝合金铸造成型

铸造是将金属熔体浇入铸型或结晶器，获得形状、尺寸、成分和质量符合要求的铸坯。一般而言，铸坯应满足下列要求：

① 铸锭形状和尺寸必须符合压力加工的要求以避免增加工艺废品和边角废料。

② 铸锭内外不应该有气孔、缩孔、夹杂、裂纹及偏析等缺陷，表面应光滑平整。

③ 铸锭的化学成分符合要求，结晶组织基本均匀。

铸造成形方法目前广泛应用的有铁模铸造法、直接水冷半连续铸造法和连续铸扎法等。

三、主要试剂与仪器

1. 熔炼炉及准备

① 合金熔炼可在电阻炉、感应炉、燃气炉或焦炭坩埚炉中进行，易偏析的中间合金在感应炉熔炼为好，而易氧化的合金在电阻炉中熔炼为宜，在本实验中采用井式电阻炉。

② 合金熔炼一般采用铸铁坩埚、石墨黏土坩埚、石墨坩埚，也可采用铸钢坩埚，在本实验中使用石墨黏土坩埚。

③ 新坩埚使用前应清洗干净并仔细检查有无穿透性缺陷，新坩埚要焙烧烘透后才能使用。

④ 浇铸用的铁模铸型及熔炼工具使用前必须除尽残余金属及氧化皮等污物。进口处 $200\sim300\ ℃$ 预热并涂防护涂层。涂料一般采用氧化锌和水或水玻璃调和。

⑤ 涂完涂料后的模具及熔炼工具使用前需经 $200\sim300\ ℃$ 预热烘干。

2. 实验材料及试剂

本实验熔炼 ZL101（A356）铝合金，合金的原料配制见表1。

表 1　配制 ZL101（A356）铝合金的原材料

材料名称	主要元素	用途
工业纯铝锭	Al（Al 的质量分数为 99.70%）	配制铝合金
Al-Mg 中间合金	Al-10Mg（Mg 的质量分数为 10%）	配制铝合金
Al-Si 中间合金	Al-20Si（Si 的质量分数为 20%）	配制铝合金

3. 溶剂及配比

铝合金常用溶剂包括覆盖剂、精炼剂和打渣剂，主要由碱金属或碱土金属的氯盐和氟盐组成。本实验采用氯化钾和氯化钠 1：1 混合物覆盖剂，用六氯乙烷作除气精炼剂。

4. 合金的配料

配料包括确定计算成分，炉料的计算是决定产品质量和成本的主要环节。配料的首要任务是根据熔炼合金的化学成分、加工和使用性能确定其计算成分，其次是根据原材料情况及化学成分，合理选择配料比，最后根据铸锭规格尺寸和熔炉容量，按照一定程序正确计算出每炉的全部料量。

配料计算：根据材料的加工和使用性能的要求，确定各种炉料品种及配比。

① 熔炼合金时首先要按照该合金的化学成分进行配料计算，一般采用国家标准的算术平均值。

② 对于易氧化、易挥发的元素，如 Mg、Zn 等一般取国家标准上限或偏上限计算成分。

③ 在保证材料性能的前提下，参考铸锭及加工工艺条件，应合理充分利用旧料（包括回炉料）。

④ 确定烧损率。合金易氧化、易挥发的元素在配料计算时要考虑烧损。

⑤ 为了防止铸锭开裂，硅和铁的含量有一定的比例关系，必须严格控制。

⑥ 根据坩埚大小和模具尺寸配料。

根据实验的具体情况，配制 ZL101（A356）铝合金（见表 2）。

表 2　ZL101（A356）合金化学成分

ZL101（A356）	Si	Mg	杂质			其他杂质		Al
			Fe	Cu	Zn	单项	总和	
元素质量分数/%	6.5~7.5	0.30~0.45	≤0.10	≤0.10	≤0.05	≤0.05	≤0.15	余量

四、实验步骤

1. 熔铸工艺流程

原材料准备→预热坩埚至发红→加入纯铝→升温至 750~800 ℃待纯铝全部熔化→扒渣→降温至 720 ℃加入中间合金（铝硅合金和铝镁合金）→熔化后充分搅拌→加入覆盖剂→保温 10 min→扒渣→加精炼剂除气→充分搅拌→保温 5 min→扒渣→熔体 720 ℃出

炉→浇铸。

（1）原材料准备

炉料使用前应清理炉料，去除表面的锈蚀、油脂等污物，所有炉料在入炉前均应预热，去除表面吸附的水分。

① 配制涂料和涂防护涂层。称取 90 g 九水合硅酸钠和 30 g 氧化锌（质量比为 3∶1）。混匀后加适量水搅拌成糊状，将之涂刷在浇铸模具（铁模或铜模）内表面和熔炼工具外表面（包括夹具、扒渣勺、搅拌棍、导流槽），最后将它们置于 350 ℃左右的加热炉中进行完全干燥。注意：每用一次均需要干燥！

② 配制覆盖剂和精炼剂。覆盖剂为 50 g 氯化钾和 50 g 氯化钠（质量比为 1∶1）混合物，精炼剂为 5 g 六氯乙烷（质量为炉料质量的 1 ％，即 500 g 炉料需要 5 g 精炼剂），精炼剂需用铝箔纸包裹。注意：两者均需要干燥！

③ 熔炼铝合金的原料称重。根据浇铸模具大小和过程中的质量损失，每炉熔炼 550 g 混合料。因此根据各原料化学成分和需要熔炼 ZL101（A356）铝合金的成分要求，分别进行计算和称量：

铝镁合金质量＝0.0045×1.1×10×550＝27.225(g)（Mg 的烧损量按 10 ％计算）

铝硅合金质量＝0.07×550/0.20＝192.5(g)

纯铝质量＝550－27.225－192.5＝330.275(g)

注意：所有原料需要干燥，可以随炉加热干燥或干燥箱中干燥。

（2）预热坩埚及熔炼工具

新坩埚使用前应清理干净及仔细检查有无穿透性缺陷，使用前均应吹砂，并预热至发红（500～600 ℃）保温 2 h 以上，以烧除附着在坩埚内壁的水分及可燃物质，待冷却至 300 ℃以下时，仔细清理坩埚内壁，在温度不低于 200 ℃时喷涂料。坩埚要烘干、烘透才能使用。压瓢、搅拌勺、浇包等熔炼工具使用前必须除尽残余金属及氧化皮等污染物，经 200～300 ℃预热并涂防护涂料，以免与铝合金直接接触，污染铝合金。涂料一般采用氧化锌和水或水玻璃调和。涂完涂料后的模具及熔炼工具使用前再经 200～300 ℃预热烘干。

2. 铝合金的熔炼和浇铸

坩埚炉中加入纯铝→升温至 750～800 ℃待纯铝全部熔化→扒渣→加入中间合金（铝硅合金和铝铁合金）→熔化后充分搅拌→加入覆盖剂→保温 10 min→扒渣→加精炼剂除气→充分搅拌→保温 5 min→扒渣→熔体 720 ℃时出炉→浇铸。

3. 铝合金铸锭质量检测

包括宏观形貌和表面缺陷分析（可以用手机拍照）、化学成分检测（用手持 X 射线荧光分析仪）和截面组织观察（截取上、中、下不同部位的横截面和纵截面，对其进行常规金相制样，然后观察组织）。

4. 铝合金铸锭质量检测和组织观察

质量检测。包括铝合金铸锭表面有无氧化、夹杂、气孔、气泡、缩孔、缩松、裂纹等缺陷，以及铝合金铸锭化学成分检测，判断原料计算是否准确和合金元素烧损情况。

组织观察。观察经不同材质和形状模具浇铸后的铝合金铸锭截面组织结构，不同冷却速率对铸锭的晶粒大小和形状会产生不同的影响。通常由三个晶区组成，即外表层的细等轴晶区、中间的柱状晶区和心部的粗等轴晶区。将实验数据记录在表 3 中。

表 3　实验原始记录表

熔炼铝合金的原料配制				
铝镁合金质量/g	铝硅合金质量/g	纯铝质量/g	原料总质量/g	备注
熔铸的铝合金铸锭的表面质量和有无缺陷情况记录				

五、注意事项

1. 熔炼时，熔剂需均匀撒入，待纯铝全部熔化后再加入中间合金和其他金属，并压入溶液内，不准露出液面。

2. 炉料熔化过程中，不能搅拌金属。炉料全部熔化后可以充分搅拌，使成分均匀。

3. 合金熔体温度控制在 720～760 ℃。

4. 炉料全部熔化后，在熔炼温度范围内扒渣，尽量彻底干净，少带金属。

5. 镁的加入在出炉前或精炼前，以确保合金成分，减少烧损。

6. 溶剂要保持干燥，入炉工具要事先刷涂料再预热，然后放入熔体内，缓慢移动，进行精炼。精炼要保证一定时间，彻底除气、除渣。

7. 精炼后要撒熔剂覆盖，然后静置一定时间，扒渣，出炉浇铸。浇铸时流速要平稳，不要断流，注意补缩，砂型模具要在 30s 内完成，金属型要在 45s 内完成。

8. 浇铸安全

① 清理浇铸场地并使其通畅，不能有积水。

② 参加浇铸的人员必须按要求穿戴好防护用品，尤其不能穿短衣、短裤和凉鞋等。

③ 浇铸时不能装得太满，以免抬运时溢出飞溅伤人。

④ 不准用冷铁棒插入高温液体中去扒渣、挡渣。

⑤ 剩余液体要倒在指定位置。

六、思考题

1. 结合相关理论知识，分析讨论铝合金熔炼过程中除气、除渣的作用及注意事项。

2. 分析所浇铸的铝合金铸锭的质量及原因。

粉体成型工艺实验

一、实验目的

1. 了解粉体成型的常用方法。
2. 熟悉粉体成型相关工艺。

二、实验原理

粉体成型就是将粉体材料聚结成具有一定几何尺寸和显微结构的坯体。实际上，许多粉体要通过粉体-成型-烧结的工艺路线最终制备成实用的块体材料。由于陶瓷脆性大，难以二次加工，因此成型过程基本决定了陶瓷的几何尺寸。粉体成型有多种方法，各有特点，代表性的几种技术有：干压成型、热压铸成型、丝网印刷、流延成型等。本实验主要学习干压成型和热压铸成型（也称热压注成型）两种。

① 干压成型。干压成型是将经过造粒，流动性好，颗粒级配合适的粉料，装入模具内，通过压机的柱塞施以外加压力，使粉料压制成一定形状的坯体的方法。其特点是黏结剂含量较低，不经过干燥可以直接烧结，坯体收缩小，可以自动化生产。干压成型的压制方式有仅用一个冲头对粉体进行压缩的所谓"单向压"和用两个冲头对粉体进行相向压缩的所谓"双向压"两种。本试验采用单向压。干压成型的主要工艺参数有造粒、压制方式、最高压力和保压时间等。

② 热压铸成型。热压铸成型即低压注射成型，在陶瓷生产中是一种重要的成型方法。这种方法成型的产品尺寸精确，表面光洁度高，更主要的是这种成型方法可以生产形状复杂的产品，因此在工业陶瓷领域应用较为广泛，如可用于氧化铝、氧化镁、氮化硅陶瓷的生产中。热压铸成型是在热压铸机上进行的。它的基本原理是：在压力下将具有较好流动性的热浆料压入金属模内，并在压力的持续作用下充满整个金属模具同时凝固，然后除去压力，拆开模具，形成含蜡的半成品，再经过脱脂（除去黏结剂）和烧成即得到制品。热压铸所用浆料一般选择石蜡作为黏结剂，同时加入少量表面活性剂。表面活性剂的作用：一方面改善粉料与石蜡之间的吸附，保证料浆长期加热后的稳定性；另一方面降低粉料与石蜡界面上的表面能，减少分子间的作用力，提高料浆的流动性，并减少石蜡用量。常用的表面活性剂有油酸、硬脂酸、蜂蜡等。制备浆料时石蜡的加入量一般为粉料质量的 12.5%～13.5%。表面活性剂的加入量：使用油酸时一般为粉料质量的 0.4%～0.8%，使用蜂蜡或硬脂酸时则为石蜡质量的 5% 左右。将石蜡加热熔化，然后将粉料加入，一边加热一边搅拌，也可以将粉料加热后加入石蜡溶液。当粉料与石蜡充分混合均匀后，经凝固制成蜡板，以备成型之用。

三、主要试剂与仪器

干压成型：陶瓷粉体 70 g，盘式电阻炉一个，万能材料试验机一台，瓷盘一个，刮板一个，5 %聚乙烯醇的水溶液 10 mL，烧杯一个，40 目筛一个，成型模具一套，压力机一台，天平一台，游标卡尺一个。

热压铸成型：热压铸成型用喂料 50 g，热压铸成型机一台。

四、实验步骤

1. 干压成型

粉体成型前要进行塑化，即加塑化剂，进行造粒处理。塑化剂采用 5 %聚乙烯醇水溶液，塑化剂与粉体的质量比大约为 5∶100。首先将粉体盛装在瓷盘里，逐渐倒入塑化剂，同时用刮板手工搅拌，使塑化剂与粉体充分混合，最后将拌匀的粉体过 40 目筛。

成型前要熟悉模具的装模和脱模方法以及压机的操作方法，然后才能进行成型。将粉体倒入模具腔内，注意不要太多。然后将整体放到万能材料试验机上，在压力分别为 5、10、15、20、25、30 MPa 下，利用模具将经造粒的粉体压制成 5 个质量相等、尺寸为 $\varphi25$ mm 的圆片，保压 6～10 s。坯体质量的控制以控制模具的装粉量来实现。取出样品，用于烧结。用游标卡尺测量它们的高度，绘出成型压力与型坯高度关系曲线。将压力为 5 MPa 和 30 MPa 的坯体用手折断，感觉它们强度的差别，试分析其原因。

2. 热压铸成型

本实验要求用热压铸方法制备一个管状的陶瓷型坯，其主要工艺流程为：喂料制备→成型。喂料已经由试验室事先做好，可以直接使用。喂料的配方为氧化铝粉、石蜡、硬脂酸的质量比为 77∶20∶3。

在氧化铝粉加入质量分数为 1 %～3 %的硬脂酸（SA）作为表面活性剂球磨 48 h。球磨后的粉体在真空干燥箱中 80 ℃下恒温干燥 12 h，注意干燥温度不宜过高，以避免SA 挥发。粉体干燥后进行和蜡，将石蜡在 80 ℃下加热熔化后，将干燥后的粉体缓缓倒入熔化的石蜡中，并使用玻璃棒不停地搅拌，直至粉体与石蜡基本混合均匀，搅拌过程中注意保持蜡浆的温度在 80 ℃左右。将初混后的浆料陈化 48 h，处理后的浆料进行热压铸成型，热压铸成型的压力控制在 0.4～0.8 MPa 之间，浆料温度控制在 100 ℃左右，模具温度约 50 ℃，保压时间为 6～10 s。样品为圆片状，尺寸为 $\varphi25$ mm×2 mm。

五、实验结果和处理

1. 干压成型

记录实验中的相关参数，测量在不同成型压力下的样品厚度，并计算样品密度，结果如表 1：

表1 干压成型实验记录

样品	成型压力	型坯高度	型坯密度	备注
1				
2				
3				
4				
5				

根据以上数据，绘出成型压力与型坯密度关系曲线。

2. 热压铸成型

记录实验中的相关参数和样品缺陷，测量在不同成型温度下的样品密度，结果如表2：

表2 热压铸成型实验记录

样品	成型压力	型坯高度	型坯密度	备注
1				
2				
3				
4				
5				

根据以上数据，绘出成型温度与型坯密度关系曲线。

六、思考题

1. 干压成型实验中，得到的型坯密度是否均匀？如果不均匀，有哪些改进方法？

2. 热压铸成型实验中，成型后容易出现难以脱模的问题，请问是由于什么原因？有哪些改进方法？

实验 32

碳钢的普通热处理

一、实验目的

1. 通过观察不同的加热温度对碳钢的淬火组织和性能的影响，了解碳钢淬火温度的选定原则，加深对铁碳状态图的认识和理解。

2. 通过测定机械性能了解冷却速率对碳钢组织和性能的影响。

3. 通过测定机械性能，了解回火对淬火碳钢的组织和性能的影响，并进一步理解淬火碳钢在回火过程中组织转变和性能变化的规律。

二、实验原理

碳钢的热处理一般有淬火、回火、退火、正火四种方法。不同的热处理方法使碳钢获得不同的组织和性能,同一种热处理方法,当采用不同的热处理工艺参数时,碳钢所获得的组织和性能也不相同。

1. 碳钢的淬火

淬火是将钢加热到临界点 Aq 或其上某一温度,经过适当保温后,快速冷却,以得到马氏体组织,从而显著提高碳钢的强度和硬度。加热温度、保温时间和冷却速率是影响淬火质量的重要工艺参数。

亚共析钢淬火时,要加热到 Ac_3 线以上 30~50 ℃,经适当保温后,得到均匀细小的奥氏体。当在水中快冷时,就会得到均匀细小的条状、片状马氏体,还有少量残余奥氏体。如果加热温度过高,会得到粗大的奥氏体晶粒,淬火后得到的马氏体晶粒也粗大。粗大的马氏体组织使钢的韧性下降,具有这种组织的零件或工具在工作过程中容易发生脆断现象。如果加热温度在 Aq~Ac_3 之间,则碳钢的高温组织为奥氏体加铁素体,淬火冷却后的组织为马氏体加铁素体。铁素体的存在显著减小了钢的强化效果。淬火的过热组织和欠热组织都是由淬火温度选择不当形成的。

过共析钢的淬火温度为 Ac_1+(30 ℃~50 ℃),此时得到细小的奥氏体加未溶的颗粒状二次渗碳体。淬火冷却后的组织为马氏体加渗碳体,也有少量残余奥氏体。如果淬火温度选在 $Accm$ 线以上,则钢中二次渗碳体全部溶入奥氏体。淬火冷却后,除得到粗大的片状马氏体以外,还会得到较多的残余奥氏体。与过共析钢的组织比较,作为强化相的未溶渗碳体没有了,而硬度低的残余奥氏体增多了,所以过共析钢的过热淬火组织的硬度、耐磨性和韧性都不如正常淬火。

对于共析钢,其正常淬火温度显然是 Ac,+(30 ℃~50 ℃)。实验用碳钢临界点温度见表1。

表 1　实验用碳钢临界点温度

钢号	临界点(近似值)/℃		
	Ac_1	Ac_2	Ar_1
40	724	790	680
45	725	780	690
T10	730	800	700
T12	730	820	700

为了使淬火加热组织(奥氏体)充分转变,并使其具有均匀的碳浓度,碳钢加热到淬火温度后,还应有一定的保温时间。在实验室中,通常是将加热炉升温到淬火温度,然后向炉内装入试样进行加热。当试样升温至与炉温(即淬火温度)相同时,即进入保温阶段。保温时间与试样的有效尺寸(直径或厚度)有关。表 2 中列出了在箱式电阻炉中加热试样的加热、保温总时间。所谓总时间,即试样自装炉到出炉的总时间。如果装炉试样较

多，可能出现试样的互相接触甚至堆集情况时，应适当延长加热保温总时间。

表 2　碳钢在箱式电阻炉中的加热、保温总时间

加热温度/℃	加热、保温总时间/min	
	圆形试样每 1mm 直径	方形试样每 1mm 边长
600	2.0	3.0
700	1.5	2.2
800	1.0	1.5
900	0.8	1.2
1000	0.4	0.6

冷却速率是碳钢淬火过程中极重要的工艺规范。冷却速率不同，奥氏体的转变产物也不同。水冷时的冷却速率大于临界冷却速率，冷却后得到马氏体组织，硬度最高；在油中冷却时，得到马氏体加屈氏体混合组织，其淬火硬度比水冷试样的淬火硬度低一些；当冷却是在空气或炉中进行时，奥氏体则完全分解为索氏体或珠光体，硬度进一步降低。

由上述可知，碳钢的冷却速率可以通过选择不同的冷却介质来控制。碳钢的奥氏体稳定性差，临界冷却速率大，通常要在冷却能力强的冷却介质中冷却方能得到马氏体组织。自来水和 10 ％氯化钠水溶液是常用的碳钢淬火冷却介质。必须注意，水和水溶液的温度一般不能超过 40 ℃，否则会降低其冷却能力。操作过程中如因不断地淬火冷却而使水温升高时（用手摸有烫手感），可以上下搅拌使之降温。如果水温仍然较高，则必须更换冷却水。

2. 淬火碳钢的回火

碳钢制件淬火后都必须进行回火处理，以减小或消除内应力，提高韧性，获得比较稳定的组织和性能。

回火是将已淬火的碳钢加热到 Ac_1 以下某一温度，适当保温一段时间，然后空冷或炉冷至室温。在回火的保温和冷却过程中，淬火马氏体和残余奥氏体都要发生分解和分解产物的聚集长大。随着回火温度的升高，淬火碳钢的组织将依次得到回火马氏体、回火屈氏体和回火索氏体，淬火碳钢的硬度也将依次降低，韧性将逐渐升高，内应力也逐渐趋于消除。

低温回火的温度一般为 150～250 ℃，回火后的组织为回火马氏体。回火马氏体与淬火马氏体的区别是其针片呈黑色。回火后的硬度与淬火硬度相差不大，而韧性略有提高。内应力也有所降低。

中温回火的温度一般为 350～500 ℃，回火后的组织为极细颗粒状渗碳体加针状铁素体，即回火屈氏体，此时钢的硬度有明显降低，而钢的弹性和韧性较高。

高温回火的温度一般为 500～600 ℃，回火后的组织为细粒状渗碳体加铁素体，即回火索氏体。淬火加高温回火又称调质，调质后钢的硬度降低较多，而韧性大幅度提高。

回火的加热保温时间主要根据试样的有效尺寸（直径或厚度）来确定。当采用到温入炉法回火时，有效尺寸在 15mm 以下的碳钢试样，自装入炉中算起，一般需要 30～40min。

碳钢的回火冷却无特殊要求，一般可在空气中冷却。有时为了尽早测定回火硬度，也可在水中冷却。

3. 碳钢的退火

退火时将碳钢加热到临界点 Ac_1 或 Ac_3 以上 20～40 ℃，适当保温一段时间后，缓慢冷却至室温。由于冷却是缓慢进行的，所以转变产物基本上符合铁碳状态图的相变规律。

为了达到改善组织的目的，亚共析钢必须进行完全退火，即将钢加热到 Ac_3 以上 20～40 ℃，保温足够的时间，得到均匀细小的奥氏体晶粒。在以后缓慢冷却过程中，钢的组织进行了重结晶，获得接近平衡状态的组织。

共析钢和过共析钢多采用球化退火。退火温度应当选在 Ac_1 以上 20～30 ℃，此时钢的组织为奥氏体加未溶的颗粒状二次渗碳体。缓慢冷却时，自奥氏体中析出的渗碳体沿着未溶的颗粒状渗碳体结晶，故可得到铁素体基体上均匀分布着颗粒状渗碳体的组织，即球状珠光体或球化体。球化体比片层状珠光体硬度低。

如果片层状珠光体能满足要求而不要求得到球化体组织时，可在 Ac_1 以上较高温度进行加热。此时钢中未溶渗碳体减少，在缓冷时，奥氏体转变为片层状珠光体。

碳钢退火时的加热保温时间，在采用到温入炉法时，可按每 1 mm 直径或厚度加热保温 1.2～1.5 min 估算。

退火时的冷却应当是缓慢的，但也不能无限制的慢，只要冷却速率能控制在每小时 100～200 ℃ 以下，便可获得满意的结果。箱式电阻炉断电后的冷却速率大约是每小时 30～120 ℃。所以随炉冷却是最常用的退火冷却方法，当退火缓冷至 550～650 ℃ 时，奥氏体已经完成了分解转变。所以，此时可出炉空冷或水冷，而不会影响奥氏体分解产物的组织状态，但是却显著地缩短了退火的总时间。同样道理，当采用等温退火法时，将加热、保温后的试样放在另一温度稍低于 Ac_1 的炉中停留一段时间，或者使原先加热的电炉迅速冷却至稍低于 Ac_1 的某一温度进行等温停留，待奥氏体分解完毕后，将试样从炉中取出，在空气中冷却至室温。

4. 碳钢的正火

正火就是把钢加热到 Ac_3 以上 30～50 ℃，适当保温一段时间，然后在静止的空气中冷却至室温。由于正火的冷却速度比退火大，所以正火的共析转变组织比退火要更细密些。亚共析钢的正火组织为索氏体加铁素体，共析钢的正火组织为索氏体，过共析钢的正火组织则为索氏体加颗粒状渗碳体。

同样成分的碳钢，正火后的硬度要比退火后的硬度略高。含碳量愈高，这种现象愈明显。碳钢正火的加热、保温时间可参照退火的估算方法。

三、主要试剂与仪器

箱式电阻炉及控温仪表，洛氏硬度计，热处理试样，冷却介质，长柄铁钳，砂纸等。

四、实验步骤

① 完成淬火前试样硬度的测量。

② 各组讨论并决定 45 号钢试样的加热温度、保温时间，调整好控温装置，然后将试样放入已升温到规定温度的电炉中进行加热、保温。然后水冷和空冷，测量水冷后试样的硬度，并做好记录。

③ 将试样进行回火处理，完成回火后再一次测量试样硬度。

④ 测量正火后试样的硬度并做好记录。

⑤ 实验结果及分析。根据铁碳合金相图分析 45 号钢从高温液相状态缓慢冷却到常温状态过程中各个温度段的组织构成情况。

五、注意事项

实验过程中穿戴好防护用品，避免烫伤。

六、思考题

1. 淬火前 45 号钢是什么组织构成情况（参阅金相实验中的相图）？测定的硬度是多少？从组织构成情况分析原因：是什么组织导致试样硬度值低？

2. 根据什么制定 45 号钢淬火加热温度，如何确定保温时间？冷却方式为水冷与临界冷却速率有何关系？

实验 33

金属材料的再结晶

一、实验目的

1. 认识金属经过再结晶退火后的组织性能和特征变化。

2. 研究形变程度对再结晶退火前后组织和性能的影响，加深对加工硬化现象和回复再结晶的认识。

二、实验原理

1. 金属冷塑性变形后的显微组织和性能变化

金属冷塑性变形为金属在再结晶温度以下进行的塑性变形。金属在发生塑性变形时，外观和尺寸发生了永久性变化，其内部晶粒由原来的等轴晶逐渐沿加工方向伸长，在晶粒内部也出现了滑移带或孪晶带，当变形程度很大时，晶界消失，晶粒被拉成纤维状。相应的，金属材料的硬度、强度、矫顽力和电阻等性能增加，而塑性、韧性和抗腐蚀性降低，这一现象称为加工硬化。

为了观察滑移带，通常将已抛光并侵蚀的试样经适量的塑性变形后再进行显微组织观察。注意：在显微镜下滑移带与磨痕是不同的，一般磨痕穿过晶界，其方向不变，而滑移带出现在晶粒内部，并且一般不穿过晶界。

2. 冷塑性变形后金属加热时的显微组织与性能变化

金属经冷塑性变形后，在加热时随着加热温度的升高会发生回复、再结晶和晶粒长大。

（1）回复

当加热温度较低时原子活动能力尚低，金属显微组织无明显变化，仍保持纤维组织的特征，但晶格畸变已减轻，残余应力显著下降，加工硬化还在，其机械性能变化不大。

（2）再结晶

金属加热到再结晶温度以上，组织发生显著变化。首先在形变大的部位（晶界、滑移带、孪晶等）形成等轴晶粒的核，然后这些晶核依靠消除原来伸长的晶粒而长大，最后原来变形的晶粒完全被新的等轴晶粒所代替，这一过程为再结晶。由于金属通过再结晶获得新的等轴晶粒，因而消除了冷加工显微组织、加工硬化和残余应力，使金属又重新恢复到冷塑性变形以前的状态。

金属的再结晶过程是在一定的温度范围内进行的，通常规定在一小时内再结晶完成95%所对应的温度为再结晶温度，实验证明，金属熔点越高，再结晶温度越高，其关系大致为：$T = 0.4 T_{熔}$。

（3）晶粒长大

再结晶完成后，继续升温（或保温），则等轴晶粒以并容的方式聚集长大，温度越高，晶粒越大。当再结晶退火温度一定时，变形量大小对再结晶的晶粒大小起决定性的影响。当变形量很小时晶粒大小毫无变化，当达到某一变形量时，再结晶获得异常粗大的晶粒，对应着一组大晶粒的变形度，称为临界变形度。一般铁为5%~10%，钢约为5%，铝为2%~3%。由于粗大晶粒将显著降低金属的机械性能，故应避免金属材料在临界变形程度范围内进行压力加工。超过临界变形量，由于各晶粒变形越趋均匀，再结晶时形核率越大，因而再结晶的晶粒越细。

三、主要试剂与仪器

化学试剂：低碳钢（45号钢）试样若干（φ12 mm×110 mm），20%NaOH溶液，王水。

仪器设备：拉力试验机，加热炉，吹风机。

四、实验步骤

① 预先准备7根45号钢管材试样φ12 mm×110 mm，在其中部垂直纵轴的方向画两条相距100 mm的平行线，定出原始长度L_0。

② 按规定的变形量（表1）在拉力试验机上进行拉伸。

表1 规定的变形量

组号	1	2	3	4	5	6	7
伸长量/%	0	3	6	9	13	15	17

③ 测量不同变形度碳钢试样的硬度。

④ 将经不同变形后的试样在 550 ℃加热、保温 1 h 后空冷，浸入 20 ‰NaOH 溶液数分钟后水洗吹干，再用王水（三份盐酸、一份硝酸）腐蚀数秒，显出晶粒后水洗吹干。

⑤ 测量不同变形度碳钢试样再结晶后的硬度。

五、注意事项

1. 对试样不要擅自弯曲、敲击。

2. 试样两端号码如在拉伸时损坏，应及时做记号。

3. 腐蚀时，要特别注意，不要将王水和碱液溅到衣服、皮肤上。

六、思考题

根据实验结果，分析冷变形对碳钢性能（硬度）的影响。

实验 34

PE/无机填料的密炼

一、实验目的

1. 掌握密炼机的工作原理。

2. 掌握密炼工艺技术和操作要点。

3. 了解热塑性塑料共混的方法。

二、基本原理

合成树脂是塑料制品的主体成分，大多数情况下，在塑料制品生产过程中都需要添加各类助剂。把各种组分（如粉料、粒料等）相互混合在一起，成为均匀的体系是成型加工前必不可少的过程，这一操作过程统称为物料的共混或混炼。

粒料和粉料的制备一般分为配料、初混合、塑炼和造粒四个步骤。经初混合得到的干混料，原料组分有了一定的均匀性，但聚合物本身因合成时局部聚合条件差异造成的不均匀性，可能含有的杂质、单体、催化剂、水分等难以去除。塑炼的目的在于借助加热和剪切应力使聚合物的混合物熔化、剪切混合而驱出其中的挥发物并进一步分散其中的不均匀组分，这样使制品性能更均匀一致。塑炼过程中的温度、剪切力和时间等条件对塑炼的质量具有决定性影响，塑炼设备主要有高速混合机、双螺杆混炼挤出机、开炼机、密炼机、管道式捏合机等。塑炼好的物料经粉碎和切粒即可得到粉料和粒料，便于输送和成型。

密炼机具有密闭的混炼室，操作相对安全，生产效率也较高。密炼机对物料的剪切作用较强，具有较好的共混分散效果。但是，密炼机属于间歇操作，应用受到局限性。

三、主要试剂与仪器

PE 树脂，重质 $CaCO_3$，S(X)-0.5L-K 型密炼机，SU-70 型密炼机，电子天平。

四、实验步骤

S(X)-0.5L-K 型密炼机

① 打开冷凝水，合上电闸，接通空气压缩机和密炼机的电源。

② 按密炼机侧面的"密炼室合"按钮，将密炼室合上，拧紧锁紧装置；按下"上顶栓合"按钮，放下上顶栓。

③ 设定"密炼温度"和"密炼时间"。

④ 按下"加热开"按钮，密炼机开始加热；密炼室加热温度达到设定值后，继续恒温 20 min。

⑤ 用手盘动电机联轴器，确定转动正常后，向上拨动"电机运行开关"，启动密炼电机。

⑥ 按下"增速"或"降速"按钮，调整电机转速至所需转速。

⑦ 按下"上顶栓开"按钮，开启上顶栓，将物料（PE/$CaCO_3$ 质量比为 7∶3）投入密炼室后，按下"上顶栓合"按钮，放下上顶栓，开始密炼。

⑧ 密炼完成后，向下拨动"电机运行开关"，关闭密炼电机，在密炼室下部放置好接料盘。

⑨ 按下"上顶栓开"按钮，开启上顶栓，拧松锁紧装置，将锁紧螺栓拉向外侧；按下"密炼室开"按钮，将密炼室拉开，清除密炼腔体和转子上的物料。

⑩ 关闭电源，清理台面。

SU-70 型密炼机

① 合上电闸，接通空气压缩机和密炼机的电源。

② 设定"密炼温度"和"密炼时间"。

③ 按下"加热开"按钮，密炼机开始加热；密炼室加热温度达到设定值后，继续恒温 20 min。

④ 按下"电机开"按钮，启动电机，在变频器操作面板上可控制电机的启停及运行速度。

⑤ 将物料（PE/$CaCO_3$ 质量比为 7∶3）投入密炼室后，将密炼机压砣上方齿条限位拉出，同时摇动下压装置上的手轮，将压砣下压至下限位，开始密炼。

⑥ 密炼完成后，按下"电机关"按钮，关闭密炼电机，在密炼室下部放置好接料盘。

⑦ 将密炼机压砣上方齿条限位拉出，同时摇动下压装置上的手轮，将压砣提起至上限位，松开并取下密炼室锁紧装置，将密炼室前板取下，清除密炼腔体和转子上的物料。

⑧ 关闭电源，清理台面。

五、注意事项

S(X)-0.5L-K 型密炼机注意事项：

1. 操作时注意安全。严防触电、烫伤、轧伤。

2. 密炼室未合上，严禁放下上顶栓。

3. 上顶栓没有开启，严禁拉开密炼室。

4. 密炼室未合上或锁紧螺丝没有上紧，不要开动电机。

SU-70 型密炼机注意事项：

1. 操作时注意安全。严防触电、烫伤、轧伤。

2. 密炼室未合上或锁紧螺丝没有上紧，不要开动电机。

六、思考题

1. 密炼的目的、作用和应用领域是什么？

2. 影响密炼质量的主要因素有哪些？

3. 密炼机的操作工艺是什么？

实验 35

天然橡胶的塑炼、混炼

一、实验目的

1. 学习橡胶的基本概念。

2. 掌握橡胶的塑炼、混炼工艺技术。

3. 了解橡胶加工的各种助剂的配方体系及其配方设计。

二、基本原理

橡胶是一类具有高弹性的高分子材料，亦被称为弹性体。橡胶在外力的作用下具有很大的变形能力（伸长率可达 500 %～1000 %），外力除去后又能很快恢复到原始尺寸。橡胶按其来源可分为：天然橡胶（natural rubber，NR）和合成橡胶（synthetic rubber，SR）。天然橡胶是指直接从植物（主要是三叶橡胶树）中获取的橡胶。合成橡胶是相对于天然橡胶而言，泛指用化学合成方法制得的橡胶。

将橡胶生胶在机械力、热、氧等作用下，从强韧的弹性状态转变为柔软而具有可塑性的状态，即增加其可塑性（流动性）的工艺过程称为塑炼。塑炼的目的是通过降低分子量，降低橡胶的黏流温度，使橡胶生胶具有足够的可塑性，以便后续的混炼、压延、压出、成型等工艺操作能顺利进行。同时通过塑炼也可以起到调匀作用，使生胶的可塑性均匀一致。塑炼过的生胶称为塑炼胶。如果生胶本身具有足够的可塑性，则可免去塑炼工序。

混炼是将塑炼胶或已具有一定可塑性的生胶，与各种配合剂经机械作用使之均匀混合的工艺过程。混炼过程就是将各种配合剂均匀地分散在橡胶中，以形成一个以橡胶为介质或者以橡胶与某些能和它相容的配合组分（配合剂、其他聚合物）的混合物为介质，以与橡胶不相容的配合剂（如粉体填料、氧化锌、颜料等）为分散相的多相胶体分散体系。对混炼工艺的具体技术要求是：配合剂分散均匀，使配合剂特别是炭黑等补强性配合剂达到最好的分散度，以保证胶料性能一致。混炼后得到的胶料称为混炼胶，其质量对进一步加工和制品质量有重要影响。

加料顺序是影响开炼机混炼质量的一个重要因素。加料顺序不当会导致分散不均匀、脱辊、过炼，甚至发生早期硫化（焦烧）等质量问题。原则上应根据配方中配合剂的特性和用量来决定加料顺序，宜先加量少、难分散者，后加量大、易分散者。硫黄或者活性大、临界温度低的促进剂（如超速促进剂）则在最后加入，以防止出现早期硫化（焦烧）。液体软化剂一般在补强填充剂等粉剂混完后再加入，以防止粉剂结团、胶料打滑、胶料变软致使剪切力小而不易分散。橡胶包辊后，按下列一般的顺序加料：橡胶、再生胶、各种母炼胶——→固体软化剂（如较难分散的松香、硬脂酸、固体古马隆树脂等）→小料（促进剂、活性剂、防老剂）→补强填充剂→液体软化剂→硫黄→超促进剂→薄通→倒胶下片。

三、主要试剂与仪器

天然橡胶，高耐磨炭黑，促进剂 M，硬脂酸，氧化锌，升华硫，XK-160 型双辊开炼机。

四、实验步骤

① 打开双辊开炼机的冷凝水，调节冷凝水的流速适中。

② 调整好辊距，合上电闸，按"启动"按钮，使机器运转。

③ 将切好的天然橡胶放入两辊间进行塑炼，辊筒温度为 $30 \sim 40$ ℃，塑炼时间为 $15 \sim 20$ min。

④ 将塑炼好的橡胶按表 1 所示配方混炼。加料顺序为：橡胶→硬脂酸→氧化锌→促进剂 M→炭黑→硫黄→倒胶下片。

⑤ 按"停止"按钮，机器即停止。

⑥ 关闭电源，清理台面。

表 1　橡胶混炼配方

原料品种	质量比例/份	原料品种	质量比例/份
天然橡胶	100	炭黑	20
氧化锌	10	硫黄	6
促进剂 M	2	硬脂酸	2

五、注意事项

1. 操作时注意安全，严防烫伤、轧伤。

2. 在紧急情况下，拉紧急刹车杆。

3. 装料不可过量。

六、思考题

1. 天然橡胶塑炼的目的和作用是什么？

2. 天然橡胶混炼过程中一般的加料顺序是什么？

3. 双辊混炼时橡胶的塑炼机理是什么？

实验 36

天然橡胶的硫化

一、实验目的

1. 掌握橡胶的硫化工艺技术。

2. 了解橡胶硫化的原理和工艺。

二、基本原理

橡胶的硫化是指在一定的温度和压力下，使橡胶分子从线形结构通过交联变为三维网状结构的工艺过程，是橡胶加工中最主要的物理-化学过程和工艺过程。橡胶硫化过程中的温度、压力和时间等条件对硫化胶的质量具有决定性影响，通常称为硫化三要素。硫化压力：一般橡胶制品（除胶布等薄制品外）在硫化时往往要施加一定的压力，以防止制品在硫化过程中产生气泡，提高硫化胶的致密性，使胶料充分流动并充满模具，提高橡胶与骨架材料间的黏附强度，提高胶料的物理机械性能（或橡胶制品的使用性能）。在一定的范围内，随着硫化压力的增加，硫化胶的拉伸强度、动态模量、耐疲劳性和耐磨性等都会相应地提高。硫化温度与硫化时间是橡胶进行硫化反应的基本条件，直接影响硫化速度和硫化胶的性能。

硫化后的橡胶一般称为硫化胶。橡胶的硫化历程可以分为四个阶段：

① 诱导期。胶料放入模腔内，随着温度上升，其黏度逐渐降到最低值，由于继续受热，橡胶开始轻度硫化。这一过程所需要的时间称为诱导期，通常称为焦烧时间。诱导期的长短决定着胶料的操作安全性能。

② 热硫化期。热硫化期是硫化反应的交联阶段，在这一阶段中，橡胶分子链逐渐生成三维网状结构，弹性和拉伸强度迅速提高。热硫化期的长短取决于胶料的配方，热硫化期常作为衡量硫化速度的尺度。硫化速度可以通过硫化曲线中热硫化阶段的斜率来定量表征。理论上讲，热硫化期越短越理想。

③ 正硫化期。又称平坦硫化期，是硫化胶物理性能维持最佳值所经历的时间范围。达到这一阶段所对应的温度和时间分别称为正硫化温度与正硫化时间，合称为正硫化条件。正硫化期在硫化历程图（图 1）上表现为一个平坦区。正硫化期的长短取决于硫化配合剂的选择，也与硫化温度相关。

④ 过硫化期。过硫化期相当于硫化过程中三维网络形成阶段的后期。这一阶段中，主要是交联键发生重排、裂解等副反应，因此表现为胶料的物理机械性能显著下降。

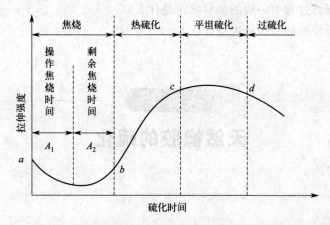

图 1　橡胶硫化历程图

（A_1）、（A_2）起硫快速的胶料；（b）有延迟特性的胶料；

（c）过硫后定伸强度继续上升的胶料；（d）具有反原件的胶料

三、主要试剂与仪器

混炼好的天然橡胶，YX-25 平板硫化机。

四、实验步骤

① 设定天然橡胶硫化的温度为 160 ℃，硫化时间为 5 min。

② 将模具放入加热板间，合上电闸，将操作手柄向上掀，使加热板上升，直至合模。

③ 当加热板和模具温度达到设定的温度时，将操作手柄向下掀，使加热板下降，直至开模。

④ 迅速取出模具，把混炼好的天然橡胶放入模具内，合模。在恒定压力下硫化至设定时间。

⑤ 开模，取出模具并打开得到板状硫化胶。

⑥ 关闭电源，清理台面。

五、注意事项

1. 操作时注意安全。严防烫伤、压伤。

2. 在压制过程中，模具要放在热板中央位置。

六、思考题

1. 橡胶硫化的目的和作用是什么？硫化剂一定是硫吗？

2. 影响橡胶硫化质量的主要因素有哪些？

3. 橡胶的硫化历程分为几个阶段？各阶段的实质和意义是什么？

4. 何谓硫化三要素？对硫化三要素控制不当会造成什么后果？

5. 在高分子材料成型加工中，哪些地方要求交联？交联能赋予高聚物制品哪些性能？

实验 37

单螺杆挤出机的使用及其塑料挤出

一、实验目的

1. 了解单螺杆挤出机的基本结构及各部分的作用。
2. 掌握单螺杆挤出机的使用方法。
3. 了解塑料挤出成型工艺过程以及工艺参数对塑料制品性能的影响。

二、实验原理

　　共混设备包括对聚合物粉料进行混合的设备和熔融共混设备。对粉料进行混合的过程称为简单混合，所用设备有高速搅拌机以及 Z 型混合机等。粉料的混合设备主要用于使聚合物粉料与各种添加剂混合均匀，以便进一步熔融共混。熔融共混的设备有开炼机、密炼机、挤出机等。挤出机主要用于橡塑和工程树脂的共混改性，可分为单螺杆挤出机和双螺杆挤出机。单螺杆挤出机可加工软、硬聚氯乙烯，聚乙烯等热塑性塑料。共混均匀后挤出造粒，可用于进一步加工成型。单螺杆挤出机具有结构简单、易于操作、维修方便等优点，可用于连续实施共混，但混炼效果不理想，难以实现均匀分散。

　　单螺杆挤出机的设备参数，主要有螺杆直径、长径比、螺槽深度、螺杆各段长度等。单螺杆挤出机螺杆是一根笔直有管螺纹的棒材，一般用耐高温、抗腐蚀、高强度碳素钢制作而成，表层有着很高的强度和光滑度，从而减少塑料和螺杆的表面滑动摩擦力，使塑料在螺杆和料筒间保持良好的热传导和运行情况。螺杆的核心有孔洞，通冷却循环水，主要目的是避免螺杆因为长期运行摩擦发热而毁坏，与此同时，使螺杆表层温度小于料筒，避免原材料黏附，有益于物料传送。螺杆放置料筒的中间，与料筒轴线符合。依据原材料在螺杆中的环境温度、工作压力、黏度等转变特点，将螺杆分成加料段、压缩段和均化段三段。螺杆加料段：自原材料通道往前拓宽的一段称为加料段，在加料段，原材料依旧是固态，主要功能是让原材料受力，遇热移位，螺槽一般定距等深。螺杆压缩段：压缩段就是指螺杆中间的一段，原材料在这里一段中遇热移位并夯实熔化，同时也可以排气，压缩段螺槽容积逐步减少。螺杆均化段：螺杆最后一段，均化段的作用是使熔体进一步熔化匀称，从而使料流定量分析，均匀由发动机过流道匀称挤压，这一段螺槽横截面是恒等的，但螺槽深度偏浅。

　　本实验通过聚乙烯（PE）和染色聚丙烯（PP）为原料，考察挤出机对 PE 和 PP 的共混效果。混料自料斗加入挤出机，经挤出机的固体输送、压缩熔融和熔体输送由均化段出来塑化均匀的塑料，先后经过过滤网、粗滤器而达分流器，并被分流器支架分为若干支流，离开分流器支架后再重新汇合起来，进入管芯口模间的环形通道，最后通过口模到挤出机，经过冷却水箱，进一步冷却成为具有一定尺寸的棒材，最后经由牵引装置引出进行切粒。

三、主要试剂与仪器

高密度聚乙烯（HDPE），染色聚丙烯（PP）单螺杆挤出机，冷却系统，牵引装置，切割装置。

四、实验步骤

① 按照挤出机的操作规程，打开冷却水开关，机器工作时，料斗座应始终通水冷却。

② 接通电源，设置加热区的温度在 180 ℃左右，对挤出机和机头口模加热。当挤出机各部分达到设定温度后，再保温 60 min。检查机头各部分的衔接、螺栓，并趁热拧紧。机头口模环形间隙中心要求严格调正。

③ 开动挤出机，由料斗加入混合塑料粒子，同时注意主机电流表、温度表和螺杆转速是否稳定。

④ 待正常挤出并稳定 1～2min 后，牵引造粒。

⑤ 实验完毕，挤出机内存料，趁热清理机头和多孔板的残留塑料。

五、注意事项

1. 开动挤出机时，螺杆转速要逐步上升，进料后密切注意主机电流，若发现电流突增，应立即停机检查原因。

2. 清理机头口模时，只能用铜刀或压缩空气，多孔板可火烧清理。

3. 本实验辅机较多，实验时可数人合作操作。操作时分工负责，协调配合。

六、思考题

1. 螺杆的三段的名称、功能作用是什么？

2. 单螺杆挤出机加工的温度怎样设计？

实验 38

双螺杆挤出机的使用与硬质聚氯乙烯的成型加工

一、实验目的

1. 了解聚合物加工成型的基本原理和过程。

2. 掌握硬质 PVC 材料制造的基本配方及配料方法。

3. 了解塑料挤出机的构造和使用方法。

二、实验原理

制备聚合物制品，有三个基本因素，即配方、工艺和加工成型设备。因此，塑料制品设计，从加工这方面来说，应包含配方设计、工艺设计和加工机械上的有关主要配件的设计（如模具设计、螺杆设计、机头设计等）。产品设计中，配方设计是基础，它在很大程度上决定着工艺如何制定。配方设计的内容包括主体树脂的选择及与其他树脂的配合，树脂与助剂的配合以及各种助剂之间的配合等。聚合物制品的获得必须经过加工成型过程。所谓的聚合物加工成型，就是将树脂转变为有用并能保持原有性能的制品的过程。塑料加工成型的方法包括压制成型、注射模塑、压延成型、片材的热成型及挤出成型等。挤出成型，又称挤出模塑，它在热塑性塑料加工领域中占有非常重要的地位，由挤出方法制成的产品都是连续的型材，如管、棒、丝、板和薄膜等。

挤出加工所用的设备有螺杆挤出机和柱塞式挤出机两类。使用较多的是双螺杆挤出机，其示意图如图1所示，其基本结构主要包括传动装置、加料装置、料筒、螺杆、机头和口模五个部分。螺杆是挤出机的关键性部件。塑料制品的挤出成型基本过程是：首先将树脂/助剂配合料装入料斗内，在螺杆的转动下，物料被输送进入挤出机料筒内并发生移动，在此过程中，物料受热熔化并得到增压，定量定压后的熔融物料经由机头流道进入口模，口模是制品横截面的成型部件，连续挤出的制品在此处获得所需的形状；挤出物冷却、牵引、卷取和切断，至此完成挤出过程。

聚氯乙烯（PVC）塑料是应用十分广泛的热塑性塑料。通常PVC塑料可分为软、硬两大类，二者的主要区别在于塑料中增塑剂的含量。纯PVC树脂是不能单独成为塑料的，因为PVC树脂具热敏性，加工成型时在高温下很容易分解，且熔融黏度大、流动性差，因此在PVC中都需要加入适当的配合剂，通过一定的加工程序制成均匀的复合物，才能成型得到制品。本实验的内容属于高分子材料成型加工领域。

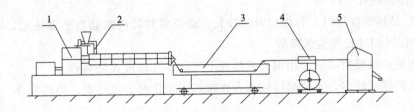

图1 双螺杆挤出机的示意图

1—主机（包括电机，联轴器，传动系统，螺杆机筒，机头，传动箱强制润滑系统，机筒软水冷却系统，电气动力和控制系统）；2—加料装置；3—水槽；4—牵引系统；5—切粒机

三、主要试剂与仪器

化学试剂：聚氯乙烯（PVC）树脂，邻苯二甲酸二辛酯（DOP），三盐基硫酸铅和二盐基亚磷酸铅（或复合稳定剂），硬脂酸钡，硬脂酸钙，石蜡，重质碳酸钙。

仪器设备：SJSZ35/80锥形双螺杆挤出机，SHR-10高速混合机，电子天平。

四、实验步骤

① 所有金属台面，如螺杆、机筒、上料器及排气设备，都要把油擦干净。

② 查看减速箱里是否加 150 号极压齿轮油，加油的多少由油标显示。

③ 检查驱动转向、马达及真空泵的转向是否正确，尽可能避免在空载下运转。

④ 接通加热器开关，检查加热及冷却是否正常，如正常即进行预热。

⑤ 设定各段温度分别为 184 ℃、182 ℃、180 ℃、184 ℃、186 ℃、190 ℃左右，当各加热区温度达到所需数值时，保温 45 min。

⑥ 将各种原料按照表 1 的配方称量好放入高速混合机中混合均匀后加入料斗中。

⑦ 启动主电机使双螺杆在低速位置旋转，驱动给料电机，慢慢给料，直到模口出料，然后逐渐加速。

⑧ 适当调整转速及各段的加热温度，直到获得最好制品质量和最高产量的最佳工艺条件。

⑨ 停机时先关闭真空泵，再关闭各电源开关。

表 1 PVC 塑料基本配方

物料	用量/份	物料	用量/份
PVC 树脂(SW-1000)	100	硬脂酸钡	1.5
邻苯二甲酸二辛酯(DOP)	5	硬脂酸钙	1
三盐基硫酸铅	3	石蜡	2.5
二盐基亚磷酸铅	2	重质碳酸钙	10

五、注意事项

1. 开动挤出机时，螺杆转速要逐步上升，进料后密切注意主机电流，若发现电流突增，应立即停机检查原因。

2. PVC 是热敏性塑料，若停机时间较长，必须将料筒内的物料全部挤出，以免物料在高温下停留时间过长发生热降解。

3. 清理机头口模时，只能用铜刀或压缩空气，多孔板可火烧清理。

4. 本实验辅机较多，实验时可数人合作操作。操作时分工负责，协调配合。

六、思考题

1. PVC 加工用的物料中为何要加入稳定剂？除了本实验中所用的三盐基性硫酸铅和二盐基亚磷酸铅稳定剂外，还有哪些稳定剂可用？

2. PVC 物料混配时，为什么要先加增塑剂，后加稳定剂？

3. DOP 对 PVC 增塑的原理是什么？增塑剂用量对最终制品的外观和力学性能有何影响？

4. 什么是挤出机螺杆的长径比？长径比的大小对塑料挤出成型有什么影响？长径比太大又会造成什么后果？

5. 为什么 PVC 的加工温度曲线是马鞍曲线？

实验 39
中空成型设备的操作应用

一、实验目的

1. 了解中空成型设备的结构和应用领域。
2. 掌握中空成型工艺。
3. 了解影响中空制品模具的结构特点。

二、实验原理

中空吹塑（hollow blow molding，又称吸塑模塑）是借助气体压力使闭合在模具型腔中的处于类橡胶态的型坯吹胀成为中空制品的二次成型技术。塑料中空吹塑成型可采用挤出吹塑和注射吹塑两种方法。在成型技术上两者的区别仅在型坯的制造上，其吹塑过程基本相似。两种方法也各具特色，注射法有利于型坯尺寸和壁厚的准确控制，所得制品规格均一、无接缝线痕、底部无飞边不需要进行较多的修饰；挤出法所得制品形状的大小不受限制、型坯温度容易控制、生产效率高、设备简单、投资少，对于大型容器的制作，可配以贮料器以克服型坯悬挂时间长的下垂现象。工业生产上较多采用挤出法，本实验也采用挤出法。

用作中空成型的原料，通常应具有熔体强度高、抗冲击性和耐环境应力开裂性好以及气密性比较好和抗药性好等特点。在热塑性塑料中，除 PE 和硬质 PVC 是较常用的材料外，也可用 HIPS、PA（聚酰胺）、PC（聚碳酸酯）等工程塑料，尤其是 PET（聚对苯二甲酸乙二醇酯）具有质轻、透明性好、强度高、卫生性好等突出性能。但就应用领域来看，仍以高、低密度 PE 最为普遍，国内外已开发了不少吹塑成型专用塑脂。

中空吹塑制品的质量除受原材料弹性影响外，成型条件、机头及模具设计都是十分重要的影响因素，尤其对影响制品壁厚均匀性的诸多因素，必须严格控制和设计。

三、主要试剂与仪器

高密度聚乙烯（HDPE），中空容器吹塑机，测厚量具，剪刀，手套等。

四、实验步骤

① 接通电源、将控制板上的转换开关置于手动位置，检查模具。开启空气压缩机检查机器各部分运转情况是否符合工艺要求，及时调整到工作状态。

② 根据原料工艺特性拟定挤出机各段机头和模具的加热、冷却以及成型过程各工艺条件。

③ 利用加热和控温装置将主机各区段预热到拟定温度，保温 10～15min。加入备好的预料，慢速启动主机，当熔融管坯挤出模口一小段时间后，注意观察管坯形状、表面状况等外观质量，并剪取一段坯料测量其壁厚和直径，了解模口膨胀和管坯均匀程度。随后针对情况对加热温度、挤出速率、口模间隙等工艺和设备参数作相应的调整，使管坯质量和各控制仪表的参数得到相对稳定。

④ 当下垂的管坯达到外观光洁、表面平滑、壁厚均匀、无卷曲打褶时，按动辅机按钮，使吹塑模具置于开启状态，待熔融管坯达到适当长度时，立即移入开启的模具中，闭合模具，再切断管坯。

⑤ 迅速引入吹针到吹塑模具中，压缩空气由此进入管坯吹胀紧贴型腔，同时排出型腔外壁与模腔之间的残留空气，从而取得与型腔一致的形状。

⑥ 待成型制品完全定型后，取出吹针，打开模具脱出制品。

⑦ 调整好工艺参数，用半自动模式，制取一定量的塑料制品。

⑧ 实验结束，切断电源，关闭气源。

五、思考题

1. 说明原料（PE）特性（密度、熔体流动速率、结晶度等）与挤出吹瓶工艺条件的关系。

2. 比较挤出吹塑与注射吹塑的工艺特性。从哪些工艺、设备因素可改善挤出型坯下垂现象？

3. 中空成型设备主要应用于哪些领域？请列举生活中的实例进行说明。

实验 40

塑料的注射成型

一、实验目的

1. 掌握注射成型原理。
2. 掌握热塑性塑料注射成型的实验技能及标准试样的制作方法。
3. 掌握注射成型工艺条件对注射制品质量的影响。

二、实验原理

注射成型是高分子材料成型加工中一种重要的方法，许多塑料都可用此方法成型，尤其是热塑性塑料。注射成型是指将塑料从注射机的料斗加入料筒，经加热熔化呈流动状态后，由螺杆或柱塞推挤而通过料筒前端喷嘴注入闭合的模具型腔中，充满模具的熔料在受压情况下，经冷却固化后即可保持模具型腔所赋予的形样，打开模具即得制品。这种方法具有成型周期短、生产效率高、制品精度好、成型适应性强、易实现生产自动化等特点，因此应用十分广泛。注射机的类型很多，主要有注塞式和移动螺杆式两种。不同注射机工作时程序可能不完全相同，但成型的基本过程及过程原理是相同的，如用螺杆式注射机制备热塑性塑料制品的基本程序如下：

① 合模与锁紧。注射成型的周期一般以合模为起始点。动模以低压快速进行闭合，与定模将要接触时，合模动力系统自动切换成低压低速，再切换成高压将模具锁紧。

② 注射充模。模具锁紧后，注射装置前移，使喷嘴与模具贴合。液压油进入注射油缸，推动与油缸活塞杆相连的螺杆，将螺杆头部均匀塑化的物料以规定的压力和速度注入模具型腔，直至熔料充满全部模腔，从而实现了充模程序。熔料能否充满模腔，取决于注射时的速度、压力以及熔体温度、模具温度。在其他工艺条件稳定的情况下，熔体充填时的流动状态受注射速度制约。速度慢，冲模的时间长，剪切作用使熔体分子取向程度增大，反之，则冲模时间短，熔料温度差较小，密度均匀，熔接强度较高，制品外观及尺寸稳定性良好。但是，注射速度不能过快，否则熔体高速流经截面变化的复杂流道并伴随热交换行为，制品可能发生不规则流动。

③ 保压。熔料注入模腔后，由于冷却作用，物料产生收缩出现空隙，为保证制品的致密性、尺寸精度和强度，须对模具保持一定的压力进行补缩、增密。这时螺杆作用面的压力为保压压力 （Pa），保压时螺杆位置将会少量向前移动。保压压力可以等于或低于注射压力，其大小以能进行压实、补缩、增密作用为量度。保压时间以压力保持到浇口刚好封闭时为好。保压时间不足，模腔内的物料会倒流，使制品缺料；保压时间过长，充模量过多，将使制品浇口附近的内应力增大，制品易开裂。

④ 制品冷却和预塑化。完成保压程序，卸去保压压力，物料在模腔内冷却定型所需要的时间为冷却时间，冷却时间的长短与塑料的结晶性能、状态转变温度、热导率、比热容、刚性以及制品厚度、模具冷却率等有关。冷却时间应以塑料在开模顶出时具有足够的刚度，不致引起制品变形为宜。在保证制品质量的前提下，为获得良好的设备效率和劳动生产率，要尽量减少冷却时间及其他程序的时间，以求缩短完成一次成型所需的全部操作时间——成型周期。除冷却时间外，模具温度也是冷却过程控制的一个主要因素。模温高低与塑料结晶性能、状态转变温度、热性能、制品形样、使用要求及其他工艺条件关系密切。在冷却的同时，螺杆传动装置开始工作，带动螺杆转动，使料斗内的塑料经螺杆向前输送，并在料筒的外加热和螺杆剪切作用下使其熔融塑化。物料由螺杆运到料筒前端，并产生一定压力。在此压力下螺杆在旋转的同时向后移动，当后移一定距离，料筒前端的熔体达到下次注射量时，螺杆停止转动和后移，准备下一次注射。

⑤ 注射装置后退和开模顶出制品。注射装置后退的目的是防止喷嘴和模具长时间接触散热形成冷料，而影响下次注射。可将注射装置后退，让喷嘴脱开模具。模腔内制品冷却定型后，合模装置即开启模具，顶出机构顶落制品，准备再次闭模，进入下次成型周期。

三、主要试剂与仪器

化学试剂：聚丙烯（PP），高密度聚乙烯（HDPE），颗粒状塑料等。

仪器设备：SA1600 塑料注射成型机，主要性能参数如表1。

表1　SA1600塑料注射成型机性能参数

螺杆直径/mm			45
注射容量(理论)/cm³			320
注射质量(PS)/g			291
注射压力/MPa			169
注射行程/mm			201
螺杆转速/(r/min)			0～175
料筒加热功率/kW			9.75
锁模力/kN			1600
拉杆内间距(水平×垂直)/(mm×mm)			470×470
允许模具厚度(最大)/mm			520
允许模具厚度(最小)/mm			180
移模行程/mm			430
模板开距(最大)/mm			950
液压顶出行程/mm			140
液压顶出力/kN			33
液压顶出杆数量			5
油泵电机功率/kW			15
油箱容积/L			310
机器尺寸(长×宽×高)/(m×m×m)			5.15×1.35×1.99
机器质量/t			5.3
最小模具尺寸(长×宽)/mm			330×330
模具平行度/μm	模具厚度	180～250mm	60
		>250～400mm	80
		>400～500mm	100

四、实验步骤

1. 准备工作

① 做好注射机的检查维护工作，做好开机准备。

② 了解原料的成型工艺特点及制品的质量要求，参考有关产品的工艺条件介绍，初步拟定实验条件。如原料的干燥条件、料筒温度和喷嘴温度、螺杆转速、背压及加料量、注射速度、注射压力、保压压力和保压时间、模具温度和冷却时间、制品的后处理条件。

③ 用"手动和低压"模式进行开、合模操作，安装好试样模具。

2. 制备试样

（1）机器操作画面

注：上方的模具名称、机器状态动作、开模总数全程计时及下方的提示说明日期、时

间画面键提示框内在任何一画面中都会显示。

（2）手动操作方式

① 在注射机显示屏显示温度达到实验条件时，再恒温 30 min，加入塑料并进行预塑程序，用慢速进行对空注射。观察从喷嘴流出的料条，如料条光滑明亮，无变色、银丝、气泡，说明原料质量及预塑程序的条件基本适用，可以制备试样。

② 依次进行下列手动操作程序：闭模、预塑、注射座前移、注射（冲模）、保压、冷却定型、注射座后退、关安全门、顶出、开模、预塑/冷却、取件、开安全门。记录注射压力（表值）、螺杆前进的距离和时间、保压压力（表值）、背压（表值）及驱动螺杆的液压力（表值）等数值。记录料筒温度、喷嘴温度、注射-保压时间、冷却时间和成型周期。从取得的原料制品观察熔体某一瞬间在矩形、圆形流道内的流速分布。通过制得试样的外观质量判断实验条件是否恰当，对不当的实验条件进行调整。

（3）半自动操作方式

在确定的实验条件下，连续稳定地制取 5 模以上作为第一组试样。然后依次改变工艺条件，如注射速度、注射压力、保压时间、冷却时间和料筒温度。注意：实验时，每一次调节料筒温度后应有适当的恒温时间。

五、实验结果和处理

1. 记录注射剂与模具的技术参数。

2. 列出各组试样注射工艺条件，分析试样外观质量与成型工艺条件的关系。

3. 取得的各组试样留作后续力学性能、热学性能等的测试。

4. 测量注射模腔的单向长度（L_1），以及注射样品在室温下放置 24 h 后的单向长度（L_2），按照下列公式计算成型收缩率：收缩率＝$(L_1-L_2)/L_1$。

六、思考题

试从材料的化学组成和物理结构来分析材料成型工艺性能的特点。

模块三
材料表征与性能

实验 41

溶胀法测定天然橡胶的交联度

一、实验目的

1. 熟悉溶胀平衡、有效分子链、有效链平均分子量、混合自由能的概念。
2. 了解交联聚合物的交联度与性能之间的关系。
3. 掌握溶胀平衡法测定交联聚合物有效平均分子量 $\overline{M}_c$ 的基本原理及实验技能。
4. 了解交联密度测定仪的工作原理。

二、实验原理

    对于交联聚合物，有效链平均分子量是与交联度直接相关的一个重要的结构参数，$\overline{M}_c$ 的大小表明了聚合物交联度的高低，对交联聚合物的物理机械性能有很大的影响。因此，测定和研究聚合物的溶胀度参数与交联度十分重要。通常，平衡溶胀法是测定交联聚合物的有效链平均分子量的一种简单易行的方法。交联聚合物在良溶剂中，由于溶剂的溶剂化作用，溶剂小分子可以钻到交联聚合物的交联网络中去，使三维分子网络伸展，引起总体积增加，这种现象叫溶胀。随着聚合物交联度增加，链段长度减小，三维分子网络的柔性减小，聚合物的溶胀度会相应减小。溶胀是交联聚合物的特性之一，交联聚合物即使在良溶剂中也只能溶胀到一定程度，而不能完全溶解。交联聚合物的溶胀过程中存在两种作用力：一方面是溶剂力图渗入聚合物内部使其体积膨胀；另一方面交联聚合物的体积膨胀导致网状分子链向三维空间伸展，降低它的构象熵，使分子交联网受到应力产生弹性收缩能，从而阻止溶剂分子进入分子网。当这两种竞争的作用力相互抵消，达到平衡时体系溶胀结束，这种现象称为溶胀平衡。

    在溶胀过程中，体系内的混合自由能变化 ΔF 应由两部分组成：一部分是聚合物分子与溶剂的混合自由能 ΔF_m，另一部分是分子交联网变形的弹性自由能 ΔF_{el}。

$$\Delta F = \Delta F_m + \Delta F_{el} \tag{1}$$

根据高分子溶液的晶格模型理论，聚合物分子与溶剂的混合自由能为：

$$\Delta F_m = RT(n_1\ln\varphi_1 + n2\ln\varphi_2 + \chi_1 n_1\varphi_2) \tag{2}$$

式中，n_1，n_2 分别表示溶剂和聚合物分子的物质的量；φ_1，φ_2 分别表示溶剂和聚合物在溶胀体中的体积分数；χ_1 为溶剂-高分子相互作用参数；T 为温度；R 为摩尔气体常数。

交联聚合物的溶胀过程类似于橡皮的形变过程，因此，根据橡胶高弹性统计理论可得：

$$\Delta F_{el} = \frac{1}{2}N\kappa T(\lambda_1^2 + \lambda_2^2 + \lambda_3^2 - 3) \tag{3}$$

式中，N 为单位体积内交联链段的数目；κ 为玻尔兹曼常数；λ_1，λ_2，λ_3 分别表示交联聚合物溶胀以后在 x、y、z 三个方向上的拉伸长度比。

假定聚合物溶胀过程是各向同性的自由溶胀，则：

$$\lambda_1 = \lambda_2 = \lambda_3 = \lambda \tag{4}$$

则式(3) 可以写成：

$$\Delta F_{el} = \frac{3}{2}N\kappa T(\lambda^2 - 1) = \frac{3}{2}\times\frac{RT}{\overline{M}_c}(\lambda^2 - 1) \tag{5}$$

式中，$\overline{M}_c$ 为两交联点之间的平均分子量。

如果聚合物试样未溶胀时的体积是 $1\ cm^3$，溶胀后的每边长为 λ（见图1），则

$$\varphi_2 = \frac{1}{\lambda^3} \tag{6}$$

将式(6) 代入式(5)，可得溶剂的偏摩尔弹性自由能为：

$$\Delta\mu_1^{el} = \frac{\partial\Delta F_{el}}{\partial n_1} = \frac{\rho RT}{\overline{M}_c}\tilde{v}_1\varphi_2^{\frac{1}{3}} \tag{7}$$

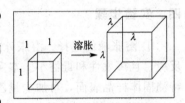

图1 橡胶溶胀示意图

式中，$\tilde{v}_1$ 为溶剂的偏摩尔体积。

则聚合物溶液的偏摩尔自由能为：

$$\Delta\mu_1^m = \frac{\partial\Delta F_m}{\partial n_1} = RT\left[\ln\varphi_1 + \varphi_2\left(1 - \frac{1}{\chi}\right) + \chi_1\varphi_2^2\right] \tag{8}$$

交联聚合物的聚合度 $X\to\infty$，因此

$$\Delta\mu_1^m = RT[\ln\varphi_1 + \varphi_2 + \chi_1\varphi_2^2] \tag{9}$$

当聚合物溶胀达到平衡时，

$$\Delta\mu_1 = \Delta\mu_1^m + \Delta\mu_1^{el} = 0 \tag{10}$$

$$\ln(1 - \varphi_2) + \varphi_2 + \chi_1\varphi_2^2 + \frac{\rho\tilde{v}_1}{\overline{M}_c}\varphi_2^{\frac{1}{3}} = 0 \tag{11}$$

如果已知 χ_1，只要测定 φ_2 聚合物在溶胀平衡时的溶胀体中所占的体积分数），就可由式(11) 计算得到两交联点之间的平均分子量 $\overline{M}_c$，其为聚合物交联程度的一种度量。$\overline{M}_c$ 越大，交联点间的分子链越长，表明聚合物的交联程度越小；反之，$\overline{M}_c$ 越小，则聚合物交联程度越大。交联度通常可被定义为：

$$q = \frac{W}{M_c} \tag{12}$$

式中，q 为交联度；W 为交联聚合物中一个单体链节的分子量。

需要注意的地方是，利用溶胀法测试交联度仅适用于中等交联度的聚合物。若聚合物的交联程度太大或太小，不适合运用溶胀法测试其交联度。

三、主要试剂与仪器

化学试剂：天然橡胶（不同交联度）样品 10 g，苯 500 mL。

仪器设备：大试管（带塞），烧杯（50 mL），镊子，恒温水槽，溶胀计。

溶胀计如图 2 所示，溶胀计中：A 是主管，直径约为 2 cm；B 是毛细管，直径约为 2~3 mm（管径均匀与水平夹角为 1°~7°，其后面附有标尺）。当 A 主管内的液面由 CC' 上升至 DD'，液面移动距离值为 CD，毛细管内液面移动值为 OP，且 $OP > CD$，此时能大大提高测量的灵敏度。

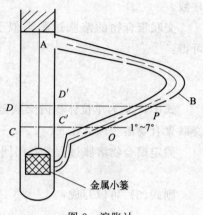

图 2　溶胀计

样品在液体中所排开液体的量为样品自身的容量。因此，可用容量法直接测量聚合物溶胀前后体积的变化，即求出聚合物溶胀凝胶中的体积分数。

四、实验步骤

① 溶胀液的选择。溶胀计内的溶胀液需与待测样品之间没有物理作用，不发生化学反应，且挥发性和毒性小。本实验采用蒸馏水。为了减少液体表面张力，以便更好地润湿待测固体样品表面，可加少量乙醇于管中。

② 溶胀计体积换算因子的测定。要确定主管内体积的增加与毛细管内液面移动距离的对应值 Q，可用若干个密度已知的金属镍小球，称重并计算其体积 $\bar{v}_1$（mL），然后放入溶胀计中，读取毛细管内液面移动距离 l。

$$Q = \frac{\bar{v}_1}{l} \tag{13}$$

③ 测定样品天然橡胶的体积，然后放入试管内，加入溶剂苯作为溶胀剂（加入的苯体积约占试管的1/3）。利用塞子将该试管塞紧并置于恒温水槽中，在 25 ℃下恒温溶胀。定时检测样品的体积，开始时间间隔短一些，2 h 检测一次，往后每 4 h 检测一次。

④ 先用滤纸将溶胀后的样品表面的多余溶剂吸干，放进金属小篓内。然后赶净毛细管内的气泡，检测出毛细管内液面移动的距离（即此时毛细管的液面读数与未放入试样前的液面读数之差），再乘以 Q 值就等于主管体积变化，即样品体积。溶胀前测得的试样体积为 V_1，溶胀后测得的体积为 V_2，则：

$$\Delta V = V_2 - V_1 \tag{14}$$

式（14）为样品体积的增加值（即溶剂渗透到试样内的体积）。这样间隔一定时间检测一次样品的体积变化，直至体积不再变化，即达到溶胀平衡为止。

五、实验结果和处理

1. 以样品体积增加量 ΔV 对时间 t 作图，即为溶胀曲线图。求出样品溶胀平衡时间的 ΔV。

2. 计算在溶胀平衡时的溶胀体中，天然橡胶所占的体积分数 φ_2，并代入式(11)，求出交联点间的平均分子量 $\overline{M}_c$，再根据式(12)求出交联度 q 值。已知：该体系在温度为 25 ℃的条件下，苯的摩尔体积 $\bar{v}_1$ 为 89.4 mL/mol，聚合物密度 $\rho = 0.9734$ g/cm³，聚合物-溶剂相互作用参数 $\chi_1 = 0.437$。

六、思考题

1. 简述利用溶胀法检测交联聚合物交联度的特点和局限性。
2. 简述线形聚合物、网状结构聚合物及体型结构聚合物分别在适当溶剂中的溶胀情况有何不同。

实验 42

材料热变形温度的测定

一、实验目的

1. 掌握高分子材料弯曲负载热变形温度（简称热变形温度）测定的基本原理。
2. 掌握热变形温度测定仪的使用方法。
3. 了解测定塑料在受热情况下变形温度的物理意义。

二、实验原理

随着科技的发展，对合成的高聚物材料耐热性能提出了越来越高的要求，而耐热性，实际上包含着多种含义，视不同场合而定。如对结构材料而言，主要是抗热变形温度，即在指定的负荷和允许的形变限度内，该材料可以使用的温度，这一温度，称为耐热温度，对非结构材料如涂料，主要是抗热分解温度。塑料的耐热性能，主要取决于高分子材料中分子链的热运动程度。此外，外界条件如升温速率、作用力频率和材料中的添加剂等也影响塑料的耐热性能。

现今塑料的耐热性能常用的测试方法有：维卡软化点测定法、马丁耐热试验以及热变形温度测定法等。维卡软化点测定法是指试样在液体传热介质中，在一定的负荷和等速升温条件下，试样被 1 mm² 压头压入 1 mm 时的温度。马丁耐热温度是指试样在一定弯曲力矩作用下，在一定等速升温环境中发生弯曲变形，当达到规定变形量时的温度。热变形温度测定法中，将测定塑料试样浸在一种合适的液体传热介质（如甲基硅油）中，在简支梁式静弯曲应力及规定的升温速率下，等速升温，当试样弯曲变形达到规定的相对变形量时的温度即为热变形温度（heat distorsion temperature，HDT），HDT 是表达被测物的受热与变形之间关系的参数，用来衡量聚合物或高分子材料耐热性能优劣。该方法只适用于控制质量及作为鉴定新产品热性能的一个指标，但不代表其使用温度。本方法适用于在常温下是硬质的模塑材料和板材，目前有国家标准 GB/T 1634.2—2019 以及国际标准 ASTM 648-56 可供参考。

三、主要试剂与仪器

实验样条：试样为具有矩形截面的长条，试样表面无气泡，平整光滑，无裂痕或者锯切痕迹等缺陷。其尺寸规定如下：①模塑试样：长 $L=100$ mm，宽 $b=10$ mm，高 $h=4$ mm；②板材试样：长 $L=120$ mm，宽 $b=3\sim13$ mm，高 $h=15$ mm（取板材原厚度）；③特殊情况，可用长 $L=120$ mm，宽 $b=3\sim13$ mm，高 $h=9.8\sim15$mm。但是，中点弯曲变形量必须用规定值，样条成型后需放置 40h 以上再进行试验，且每组试样最少两个。

仪器设备：本实验采用 SS-3900 型热变形温度测定仪进行测定。热变形温度测试装置如图 1 所示。加热浴槽内的溶剂选择对试样无影响，为室温时黏度较低的传热介质，比如硅油、液体石蜡、变压器油、乙二醇等。在本实验中，选用甲基硅油为传热介质，可调控等速升温速率为（120±1.0）℃/h。两个试样支座的中心距离为 64 mm，在支座的中点对试样施加垂直负荷，负载杆的压头与试样接触部分均为半圆形，半径为（3±0.2）mm。实验过程中，必须选用一组大小适合、计算好质量的砝码，使试样受载后的最大弯曲正应力为 18.5 kg/cm² 或 4.6 kg/cm²（本实验采用 4.6 kg/cm²，即 0.45 MPa）。其中，应加砝码的质量 W 由式(1) 计算

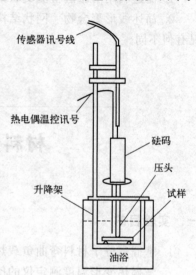

图 1　热变形温度测试装置

$$W=(2\sigma bh^2/3L)-R-T \tag{1}$$

式中，σ 为试样的最大弯曲正应力（18.5 kg/cm² 或 4.6 kg/cm²）；b 为试样的宽度，如果是标准试样，则试样宽度为 10 mm；h 为标准试样的高度，4 mm，如果不是标准试样，则需要测量试样的真实宽度与高度；L 为两支座中间的距离 64 mm；R 为负载杆和压头的质量；T 为变形测量装置的附加力。本实验所用 SS-3900 型热变形温度测定仪，其负载杆质量与附加力（$R+T$）为 0.067 kg。测量形变的位移传感器精度为 ±0.01 mm。

四、实验步骤

① 按仪器基本操作方法操作：以"外置电源"──→"内置电源"→"仪器开关"的开机顺序打开设备的电源开关，启动仪器，并预热 2 min。

② 点击进入系统，打开相关界面，点击"计算"，输入样条数据和相关信息，弯曲应变增量设为 0.2%，可求得实验所需砝码质量和标准挠度。注意样条平放和侧放的区别，砝码质量也可由上述公式计算，标准挠度即为规定形变量。

③ 点击界面右侧"数据清零"和"形变清零"，清空当前形变和目标形变，在目标形变中输入 0.34 mm，升温速率设定为 120 ℃/h。

④ 按下右侧界面"手动"按钮，点击主机面板的"上升"按钮将支架升起，选择热变形温度测试所需的压头，装在负载杆底端，安装时压头上标有的编号印迹应该与负载杆的印迹一一对应。抬起负载杆，将试样放在支架上。选择平放运算时，将高度为 4 mm 的样条平放在两支座之间，注意不要让试样的两端与支架两侧的金属片接触。然后放下负载

传感器讯号线

热电偶温控讯号

砝码

压头

升降架

试样

油浴

杆，使压头与试样垂直接触并位于其中心位置。根据计算选择砝码，小心将砝码叠稳且凹槽向上平放在托盘上，调节探头与砝码垂直接触（注意：确保接触，可以先调节探头高度，使显示屏下方的当前形变产生读数，点击清零）。用同样方法设置另外两组参数。

⑤ 点击"下降"按钮，将装好试样的支架小心浸入油浴槽中，保证试样位于液面 35 mm 以下。

⑥ 在主界面中按下"测试"键进行实验。装置将按照设定速率等速升温，仪器显示屏则显示各通道的形变情况。当试样中点的弯曲变形量达到设定值 0.34 mm 时，实验会自行结束，此时的温度为该试样在相应最大弯曲正应力条件下的热变形温度。材料的热变形温度以同组两个或两个以上试样的算术平均值表示。

⑦ 当材料达到预设的变形量或温度时，仪器自动停止加热，打开冷却水源进行冷却。然后升高位移传感器托架，移开砝码，升起试样支架，取出试样。

⑧ 实验结束后，依次关闭仪器开关、内置电源开关和外置电源开关，清理现场。

五、实验结果和处理

在主页面下栏"对应温度"可查看材料的热变形温度值，记录材料在不同通道的热变形温度，并计算平均值。

六、思考题

1. 简述塑料负荷大小和升温速率对实验结果的影响及原因。
2. 塑料的负载热变形温度是不是该材料的使用上限温度？为什么？
3. 塑料的负载热变形温度与塑料的维卡软化点有什么区别？
4. 影响材料热变形温度的因素有哪些？
5. 简述影响热变形温度测试结果的因素。

实验 43

材料冲击强度的测定

一、实验目的

1. 掌握冲击实验的原理和测试方法。
2. 测试几种聚合物材料的冲击强度。

二、实验原理及方法

冲击强度是衡量高分子材料性能的一个非常重要的力学指标，表征材料在高速冲击状态下的韧性或抵抗断裂时的能力，又称为材料的韧性。在使用塑料制品的过程中，外力冲击作用往往会致使制品被破坏。由于在测试力学性能时，单纯的静力实验无法满足材料的使用要求，因此，对塑料材料进行动态载荷实验在工程设计中显得尤为重要。测量冲击强度通常有两种方法：摆锤式冲击实验和落球式冲击实验。前者最为常用，摆锤式冲击实验又包括两种，即悬臂梁式和简支梁式冲击实验。

本方法主要适用于短切玻璃纤维增强塑料和玻璃纤维织物增强塑料板材冲击强度的测定。

1. 简支梁式冲击实验

（1）试样准备

试样的形状与尺寸见表 1 和 2。A 型、B 型、C 型缺口试样见图 1、图 2、图 3。

表 1 试样类型及尺寸

试样类型	长度 L/mm	宽度 b/mm	厚度 h/mm
1	80±2	10±0.5	4±0.2
2	50±1	6±0.2	4±0.2
3	120±2	15±0.5	10±0.5
4	125±2	13±0.5	13±0.5

表 2 试样的缺口类型

试样类型	缺口类型	缺口剩余厚度 d_k/mm	缺口底部半径 r/mm	缺口宽度 n/mm
1～4	A	0.8d	1.0±0.05	
	B	0.8d	0.25±0.05	—
1～3	C	2d/3	≤0.1	2±0.2
2	C	2d/3	≤0.1	0.8±0.1

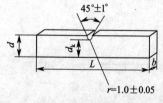

图 1 A 型缺口试样

L—试样长度；d—试样厚度；

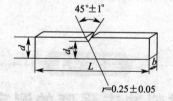

图 2 B 型缺口试样

b—试样宽度；r—缺口底部半径；

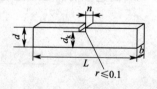

图 3 C 型缺口试样

d_k—试样缺口的剩余厚度

（2）实验设备

摆锤打击简支梁冲击机。实验中夹持台、摆锤冲击刃与试样位置之间的关系见图 4。

（3）实验步骤

① 按试样标准制备样品，每组包括 5 个样。

② 根据试样破坏时需要的能量大小选择摆锤，使试样破裂所需能量在摆锤总能量的 10 %～80 % 范围内。

③ 调节能量刻度盘中指针零点，使摆锤处于起始位置时指针与主动针接触。设置空白实验，确保总摩擦损失在规定的区间内。

④ 将试样水平放置在直角支座上，宽面贴紧在支座铅直支承面并背向摆锤，试样缺

口位置应与摆锤对准。

⑤ 将指针拨动至右边的满量程位置，然后释放摆锤连续冲断试样，从刻度盘读取指针所指数值。此示值即为试样破断所消耗的能量 A_k。

（4）数据处理

① 缺口试样的简支梁冲击强度根据式（1）计算：

$$a_k = \frac{A_k}{bd_k} \times 10^{-3} \qquad (1)$$

式中，a_k 为缺口试样的简支梁冲击强度，kJ/m^2；A_k 为破坏试样需要吸收的冲击能量，J；d_k 为试样缺口的剩余厚度，m；b 为试样宽度，m。

② 无缺口试样的简支梁冲击强度根据式（2）计算：

$$a = \frac{A}{bd} \times 10^{-3} \qquad (2)$$

式中，a 为简支梁的冲击强度，kJ/m^2；A 为试样破断需要消耗的能量，J；b 为试样的宽度，m；d 为试样的厚度，m。

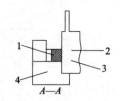

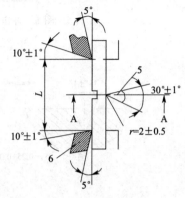

图 4 简支梁夹持台、摆锤
冲击刃与试样位置

1—试样；2—冲击方向；
3—冲击瞬间摆锤位置；4—下支座；
5—冲击刀刃；6—支持块

2. 悬臂梁式冲击实验

本方法采用悬臂梁冲击试验机对试样施加一次冲击负荷，通过试样断裂时单位宽度所消耗的能量来衡量材料的冲击强度。

（1）试样准备

试样的尺寸和规格见表 3 和表 4。形状和缺口见图 5 与图 6。

表 3 试样类型和尺寸

试样类型	长度 L/mm	宽度 b/mm	厚度 h/mm
Ⅰ	80.0 ± 2	10.0 ± 0.2	4.0 ± 0.2
Ⅱ	63.5 ± 2	12.7 ± 0.2	12.7 ± 0.2
Ⅲ			6.4 ± 0.2
Ⅳ			3.2 ± 0.2

表 4 Ⅰ型试样的缺口类型及尺寸

缺口类型	缺口底部半径 r/mm	缺口底部剩余宽度 b_n/mm
无缺口	—	—
A	0.25 ± 0.05	8.0 ± 0.2
B	1.0 ± 0.05	8.0 ± 0.2

（2）实验设备

摆锤式悬臂梁冲击试验机。试样夹持台、摆锤的冲击刃和试样位置见图 7。由摆锤一次冲击破坏呈垂直悬臂梁支承的试样，其冲击线离试样夹持台的距离是固定的。在缺口试

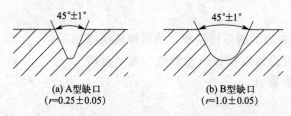

(a) A型缺口   (b) B型缺口
(r=0.25±0.05)   (r=1.0±0.05)

图 5   冲击试样缺口形状（r 为缺口底部半径）

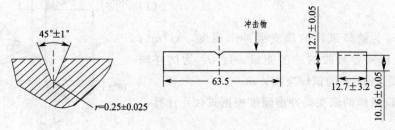

图 6   尺寸示意

样的条件下，冲击线离缺口的中心线距离也是固定的。

（3）实验步骤

① 根据试样标准制样，每组包括 5 个样。

② 测量缺口处的试样宽度需要精确至 0.05 mm。

③ 选择适宜的摆锤，使试样破裂需要的能量在摆锤总能量的 10 %～80 %范围内。如果有几个摆锤均能满足要求时，应该选择能量最大的摆锤。

④ 从预扬角位置释放摆锤和被动指针，进行空白实验（不放试样）冲击，记录测得的总摩擦损失，即克服风阻和摩擦的动能损失，校正刻度盘指针。

⑤ 采用合适的夹持力夹持试样，确保试样在夹持台中无扭曲和侧面弯曲。

⑥ 从预扬角位置释放摆锤和被动指针，破坏试样以后，从刻度盘读取示值。此示值即为试样破断所消耗的能量 W。

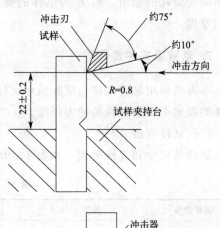

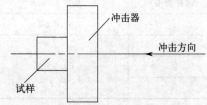

图 7   试样夹持台、摆锤的
冲击刃与试样位置

试样可能出现四种破坏类型，包括完全破坏（试样裂开成两段或多段）、部分破坏（除铰链破坏外的一种不完全破坏）、铰链破坏（破裂试样由没有刚性的很薄表皮连在一起的一种不完全破坏）和不破坏（试样完全没被破坏，只是弯了）。所测定的完全破坏和铰链破坏的值用来计算平均值。在部分破坏的条件下，若要求部分破坏值，应以字母 P 表示。完全不破坏时用 NB 表示，不用报告数值。

（4）数据处理

① 缺口试样的悬臂梁冲击强度根据式(3)计算：

$$a_k = \frac{A_k}{b_n \cdot d} \times 10^{-3} \tag{3}$$

式中，a_k 为缺口试样的悬臂梁冲击强度，kJ/m^2；A_k 为破坏试样需要吸收的能量，J；b_n 为试样缺口底部的剩余宽度，m；d 为试样的厚度，m。

② 无缺口试样的悬臂梁冲击强度按式（4）计算：

$$a = \frac{A}{bd} \times 10^{-3} \tag{4}$$

式中，a 为悬臂梁冲击强度，kJ/m^2；W 为试样破裂需要消耗的能量，J；b 为试样宽度，m；d 为试样厚度，m。

三、思考题

1. 简述影响冲击强度的因素。
2. 如何从工艺和配方方面提高高分子材料的冲击强度？

实验 44

材料拉伸强度的测定

一、实验目的

1. 了解塑料的拉伸强度、模量与断裂伸长率的意义。
2. 掌握测定塑料拉伸强度的方法。
3. 学会分析材料的应力-应变曲线，判断不同塑料的性能特征。

二、实验原理

拉伸实验是在规定的实验温度、实验湿度与作用力速度等条件下，对待测试样两端施加拉力将试样拉至断裂。将待测试样夹持在专用夹具上，对待测试样施加静态拉伸负荷，通过压力传感器、形变测量装置和计算机处理，测绘试样在拉伸变形过程中的拉伸应力-应变曲线。从曲线上可得出材料的各项拉伸性能指标值，例如试样直至断裂所承受的最大拉伸应力（拉伸强度）、在拉伸应力-应变曲线上屈服点处的应力（拉伸屈服应力）、试样断裂时的拉伸应力（拉伸断裂应力）和试样断裂时标线间距离的增加量与初始标距之比（断裂伸长率，以百分数来表示）。曲线下方包括的面积代表材料的拉伸破坏能，主要与材料的强度和韧性相关。所以，拉伸性能测试是一项非常重要的实验，能为研究开发与工程设计提供有用的数据。

拉伸应力-应变曲线常以应变值为横坐标，以应力值为纵坐标。拉伸应力-应变曲线一般包括两个部分：塑性变形区和弹性变形区。不同结构塑料的拉伸应力-应变曲线形状不相同。根据塑料在拉伸过程中屈服点的表现，伸长率大小及断裂情况，拉伸应力-应变曲线大致归纳为 5 种类型：（a）软而弱，（b）硬而脆，（c）硬而强，（d）软而强，（e）硬而韧。5 种类型如图 1 所示。

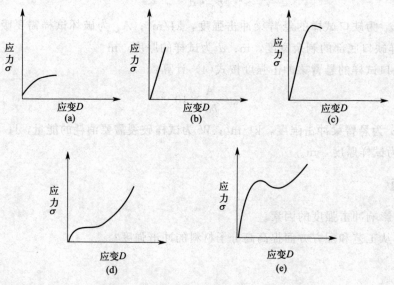

图 1　拉伸应力-应变曲线五大类型

三、主要试剂与仪器

1. 试样形状

拉伸实验涉及 4 类试样：Ⅰ型试验样（哑铃形）、Ⅱ型试样（双铲形）、Ⅲ型试样（长条形）、Ⅳ型试样（8 字形）。如图 2～图 5 所示。

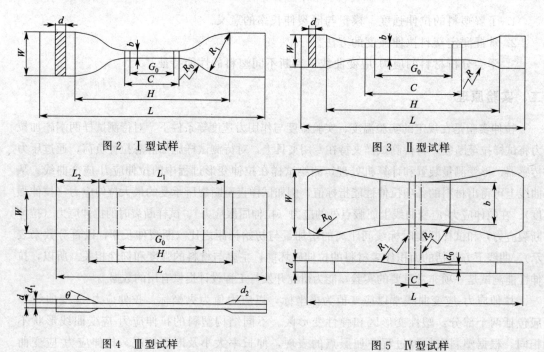

图 2　Ⅰ型试样　　　　　　　　　　　　图 3　Ⅱ型试样

图 4　Ⅲ型试样　　　　　　　　　　　　图 5　Ⅳ型试样

2. 试样尺寸规格

不同类型样条的尺寸公差不同，具体见表1～表4：

表1　Ⅰ型试样尺寸公差

物理量	名称	尺寸/mm	公差/mm
L	总长度（最小）	115	—
H	夹具间距离	80	±5.0
C	中间平行部分长度	33	±2.0
G_0	标距（或有效部分）	25	±1.0
W	端部宽度	25	±1.0
d	厚度	2	—
b	中间平行部分宽度	6	±0.4
R_0	小半径	14	±1.0
R_1	大半径	25	±2.0

表2　Ⅱ型试样尺寸公差

物理量	名称	尺寸/mm	公差/mm
L	总长度（最小）	150	—
H	夹具间距离	115	±5.0
C	中间平行部分长度	60	±0.5
G_0	标距（或有效部分）	50	±0.5
W	端部宽度	20	±0.2
d	厚度	4	—
b	中间平行部分宽度	10	±0.2
R	半径（最小）	60	—

表3　Ⅲ型试样尺寸公差

物理量	名称	尺寸/mm	公差/mm
L	总长度（最小）	250	—
H	夹具间距离	170	±5.0
G_0	标距（或有效部分）	100	±0.5
W	宽度	25 或 50	±0.5
L_2	加强片最小长度	50	—
L_1	加强片间长度	150	±5.0
d_0	厚度	2～10	—
d_1	加强片厚度	3～10	—
θ	加强片角度	5°～30°	—
d_2	加强片	—	—

表 4 Ⅳ型试样尺寸公差

物理量	名称	尺寸/mm	物理量	名称	尺寸/mm
L	总长度（最小）	110	b	中间平行部分宽度	25
C	中间平行部分长度	9.5	R_0	端部半径	6.5
d_0	中间平行部分厚度	3.2	R_1	表面半径	75
d_1	端部厚度	6.5	R_2	侧面半径	75
W	端部宽度	45			

3. 仪器设备

WSM-200KB 计算机控制电子万能试验机（如图 6），记号笔，千分尺，游标卡尺，直尺。

4. 拉伸速率设定

塑料属于黏弹性高分子材料，其应力松弛过程与变形速率紧密相关，应力松弛需要一个时间过程。当低速拉伸时，分子链来得及位移和重排，呈现韧性行为；当高速拉伸时，由于高分子链段的运动跟不上外力作用速度，呈现脆性行为。不同类型的塑料对拉伸速率的敏感性不同，韧性塑料对拉伸速率的敏感性小，从而采用较高的拉伸速率，以缩短试验周期，提高实验效率。硬而脆的塑料对拉伸速率比较敏感，因此采用较低的拉伸速率。根据国家标准规定，拉伸实验方法的试验速率范围为 1～500 mm/min，包括 9 种速率，见表 1。不同塑料优选的试样类型及相关条件见表 2。

图 6 WSM-200KB 计算机控制电子万能试验机

表 1 拉伸速率范围

类型	速率/(mm/min)	允许误差	类型	速率/(mm/min)	允许误差
速率 A	1	±50 %	速率 F	50	±10 %
速率 B	2	±20 %	速率 G	100	±10 %
速率 C	5	±20 %	速率 H	200	±10 %
速率 D	10	±20 %	速率 I	500	±10 %
速率 E	20	±10 %			

表 2 不同塑料优选的试样类型及相关条件

塑料品种	试样类型	试样制备方法	试样最佳厚度/mm	试验速率
硬质热塑性材料 热塑性增强材料	Ⅰ 型	注塑 模压	4	B、C、D、E、F
硬质热塑性塑料板 热固性塑料板 （包括层压板）		机械加工	2	A、B、C、D、E、F、G

塑料品种	试样类型	试样制备方法	试样最佳厚度/mm	试验速率
软质热塑性塑料 软质热塑性塑料板	Ⅱ型	注塑 模压 板材机械加工 板材冲切加工	2	F、G、H、I
热固性塑料 （包括填充增强塑料）	Ⅲ型	注塑 模压	—	C
热固性增强塑料板	Ⅳ型	机械加工	—	B、C、D

四、实验步骤

① 在待测试样中间平行部分坐标线注明上标距 G_0。

② 测量标线间试样的宽度与厚度，每个试样测量 3 个点，精确至 0.01 mm，取平均值。

③ 夹具夹持试样时，需使试样纵轴和上下夹具中心连线重合，且松紧适宜，防止试样滑脱或者断在夹具内。

④ 根据材料强度的高低选择不同吨位的试验机，确保示值在表盘满刻度的 10 %～90 % 范围内，示值误差需要在±1 %之内，并及时进行校准。

⑤ 试验速率应该根据接受测试材料以及试样类型进行选择，并记录材料屈服时的负荷或者断裂负荷以及标距间伸长。

⑥ 如果试样断裂在中间平行部分之外，该试验作废，需要另取试样补做。

⑦ 记录试验结果。

五、实验结果和处理

1. 根据万能电子试验机绘得不同塑料的拉伸曲线，比较与鉴别它们的性能特征。

2. 拉伸强度或拉伸断裂应力根据下列公式计算：

$$\delta_t = P/(bd)$$

式中，δ_t 为拉伸强度或拉伸断裂应力，MPa；P 为断裂负荷或最大负荷，N；b 为待测试样宽度，mm；d 为待测试样厚度，mm。

3. 断裂伸长率根据下列公式计算：

$$\varepsilon_t = \frac{G-G_0}{G_0} \times 100 \%$$

式中，ε_t 为断裂伸长率，%；G_0 为试样原始标距，mm；G 为试样断裂时标线间距离，mm。

六、思考题

1. 简述不同塑料的应力-应变曲线的不同特点。

2. 如何利用拉伸应力-应变曲线判断塑料的适应性能？

3. 简述试样的拉伸速率对实验的影响。

实验 45

材料硬度的测定

一、实验目的

1. 掌握硬度测试实验的意义和基本原理。
2. 掌握静载压入法测试高分子材料洛氏硬度的基本方法。

二、实验原理

硬度是材料的一种重要力学性能，指的是材料抵抗其他较硬物体压入其表面的能力。硬度值是由材料的弹性、塑性、韧性等一系列力学性能组成的综合性指标，它是材料软硬程度的有条件性的定量反映。在实际应用中，硬度值大小与材料本身相关，而且测量方法不同，测得的硬度也各异，因此，硬度没有统一的意义。硬度实验的主要目的是测量材料的适用性，并通过硬度值间接了解该材料的其他力学性能，包括磨损性能、拉伸性能、固化程度等。在实际生产过程中，硬度检测对于完善工艺条件及监控产品质量等具有非常重要的指导意义。由于硬度测量较为简便和快速，是检测材料性能最容易的一种方法，也是工程材料应用非常普遍的方法。

实验开始时，利用试验机压头放在试件上施加初始试验力，建立一个由位移传感器测出的基准点。初试验力将压头压入试件，因而表面不规则或者不光洁均不影响试验。首先，在初始试验力下压头压入待测试样的压痕深度记为 h_1。然后，试验机施加一个较大的主试验力，压头进入试样的深度更大。此时，压头在总试验力作用下的压痕深度记为 h_2。压头在总试验力作用下保持一定时间以后卸除主试验力，同时保持初试验力，由于试样的弹性回复最终形成的压痕深度记为 h_3。此时，试验机测量相对既定的基准点的凹痕直线深度值 $h(h = h_3 - h_1)$，该 h 为洛氏硬度数值的基础。最后，根据以下公式计算该高分子材料的硬度值。

$$HR = K - h/C$$

式中，HR 为高分子材料的洛氏硬度值；h 为两次初试验力作用下的压痕深度之差，mm；C 为常数，0.002 mm；K 为换算常数，130。

三、主要试剂与仪器

化学试剂：硬质聚氯乙烯（PVC）板，聚苯乙烯（PS）板，聚丙烯（PP）板等高分子材料。

仪器设备：500 MRD 数字显示洛氏硬度计（见图 1）。

四、实验步骤

① 安装试台。

a. 安装试台前应先降下螺杆，使其有足够的空间来安装试台。

b. 根据待测试件的形状和大小选择合适的试台。

c. 试台安装前，先将螺杆上安装试台的孔内擦拭干净。

② 安装压头。

a. 先做压头柄与主轴孔的清洁工作，然后将压头伸进主轴孔，确保压头柄平面与主轴孔边上的螺钉对准伸进。

b. 不能使压头尖端与试台相撞击，如果压头撞击淬硬的试台，两者均会损坏。

c. 要求压头柄伸到压头台肩并与主轴孔肩密合，随后轻轻拧紧主轴孔螺钉，待正式做实验时，一旦初试验力加上后，将主轴孔螺钉松开，直到主试验力加上后，再将螺钉轻轻拧紧，以使压头更好地安装在主轴上。

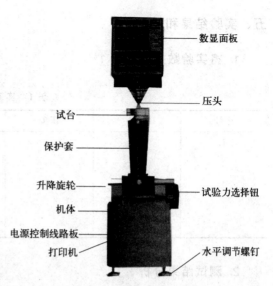

图1　500 MRD 数字显示洛氏硬度计

③ 试样准备。待测试样大小需要保证每个测点的中心与试样边缘的距离不小于 7 mm，且各测点中心之间距离不小于 25 mm，试样厚度不小于 4 mm。根据 50 mm× 50 mm×4 mm 尺寸切割制备试样。根据预估试样的厚度与硬度值选择合适的压头及负荷大小。

④ 开启电源开关。

⑤ 将试样放在试台上，要求试样表面平整光洁，无污物、裂缝、氧化皮、凸坑以及显著的加工痕迹。试样的支撑面和试台必须清洁，确保密合性良好，试件的厚度必须大于压痕深度10倍。

⑥ 顺时针方向平稳旋转升降旋轮，使升降螺杆上升。一旦压头碰触待测试件，升降螺杆需要平稳缓慢上升，此时屏幕数字显示由 0 上升到 580～620 之间，与此同时，在数字显示上方 24 只绿色、5 只黄色、3 只红色发光二极管也由第 1 只绿色发光二极管发光开始，表示开始施加负荷，一直延伸到 24 只绿色全部发光。最后开始进入 5 只黄色发光二极管区域之间发光，并报一声警时，立即停止旋转升降旋轮。屏幕上 580～620 之间的数字翻转为 100，同时，电机自动施加试验力，自控延长试验力时间，并自动卸除主试验力。这个时候，可读取硬度值。每次测试结束，数据将从 RS-232 接口输出。

⑦ 逆时针方向旋转升降旋轮，下降升降螺杆，自动复零，表示一次试验循环结束。如继续测试，可按④～⑥顺序重复操作。

⑧ 打印。打开打印机电源开关，然后按压面板上的 PRINT 键，打印机开始打印，注意，必须测试至少 2 次才有效（第一点测试工作不作记录）。在打印的同时，RS-232 接口会输出相关信息。待打印完毕，进入新的一轮测试。

⑨ 每组待测试样的测量点数不能少于 5 个。

（图注标签）
数显面板
压头
试台
保护套
升降旋轮
试验力选择钮
机体
电源控制线路板
打印机
水平调节螺钉

五、实验结果和处理

1. 将实验数据填入表 1

表 1 实验数据表

序号	标尺	压头	总试验力	硬度值	平均值
1					
2					
3					
4					
5					

2. 测试结果分析

硬度计标尺、压头、试验力与应用一览表

硬度标尺	压头	初试验力 /N(kgf)	总试验力 /N(kgf)	应用
A	金刚石圆锥型压头		588(60)	硬质合金钢、深度渗碳钢
B	钢球压头 ϕ1.5875 mm(1/16 英寸)		980(100)	铜合金、低碳钢、铝合金、可锻铸铁
C	金刚石圆锥型压头		1471(150)	钢、硬铸铁、钛、深硬化钢及斯利特可锻铸铁
D	金刚石圆锥型压头		980(100)	薄钢、中等渗碳钢及波利特可锻铸铁
E	钢球压头 ϕ3.175 mm(1/8 英寸)		980(100)	铸铁、铝及镁合金、轴承金属
F	钢球压头 ϕ1.5875 mm(1/16 英寸)		588(60)	退火软铜合金、薄软金属板
G	钢球压头 ϕ1.5875 mm(1/16 英寸)		1471(150)	磷青铜、铍铜合金、可锻铸铁
H	钢球压头 ϕ3.175 mm(1/8 英寸)	98(10)	588(60)	铅、锌铅
K	钢球压头 ϕ3.175 mm(1/8 英寸)		1471(150)	轴承合金及其他软或薄金属,包括塑料
L	钢球压头 ϕ6.35 mm(1/4 英寸)		588(60)	
M	钢球压头 ϕ6.35 mm(1/4 英寸)		980(100)	
P	钢球压头 ϕ6.35 mm(1/4 英寸)		1471(150)	轴承合金及其他软或薄金属,包括塑料
R	钢球压头 ϕ12.7 mm(1/2 英寸)		588(60)	
S	钢球压头 ϕ12.7 mm(1/2 英寸)		980(100)	
V	钢球压头 ϕ12.7 mm(1/2 英寸)		1471(150)	

六、注意事项

1. 在测试之前，首先需要确定洛氏硬度标尺，这种标尺需要一种压头与试验力的特定组合。标尺的选择应该合适，保证硬度值在 50～115 范围之内。

2. 为了避免冷加工对硬度值测试的影响，材料厚度必须在压痕深度 10 倍以上。

3. 在施加初始试验力时，如果进入红色发光二极管发光，且报警声不断，那么该点应该作废。与此同时，逆时针方向旋转升降旋轮，退下升高螺杆，使得数字管为 0 且发光二极管全熄灭，然后重新开始。

4. 测得的洛氏硬度值需要用前缀字母和数字表示，比如，使用 M 标尺测得高分子材料的洛氏硬度值为 90，则表示为 HRM90。

七、思考题

1. 在测试高分子材料的硬度值过程中，除了洛氏硬度外，还有哪些方法？分别是怎样测定的？
2. 洛氏硬度和维氏硬度测试的异同之处是什么？
3. 简述不同材料硬度测试方法的适用对象。

实验 46

半导体材料电阻和电阻率的测定

一、实验目的

1. 掌握四探针法测量半导体材料电阻率和薄层电阻的原理。
2. 熟悉四探针测试仪的使用方法。

二、实验原理

半导体材料是现代高新技术中的一种重要材料，在光电子器件和微电子器件中得到广泛应用。在研制和生产半导体器件过程中往往需要对半导体单晶材料的原始电阻率及经过扩散、外延等工艺处理后的薄层电阻进行测量。电阻率作为半导体材料的重要特性之一，对半导体材料或金属材料电阻率的测量具有非常重要的实际意义。测量电阻率的方法有很多，如两探针法、单探针扩展电阻法、直流四探针法、范德堡法等。直流四探针法主要适用于半导体材料或金属材料等低电阻率的测量，具有方法简便可行、适于批量生产等优点，目前得到广泛应用。

直流四探针法用到的仪器示意图及与样品的接线图如图 1 所示。在测试过程中，采用四根针间距离约为 1 mm 的金属探针压在被测样品的平整表面上。利用恒流源经 1 和 4 两根探针通入小电流使得材料内部产生压降，随后用高输入阻抗的静电计、电位差计、电子毫伏计或数字电压表在探针 2 和探针 3 上测量电压，最后通过数学推导，四探针法测量电阻率 ρ 的公式表示为：

$$\rho = C \frac{V_{23}}{I} \tag{1}$$

式中，C 为四探针的修正系数，cm，C 的大小主要由四探针的排列方法和针距决定，一旦确定探针的位置和间距，探针的修正系数 C 为常数；V_{23} 为探针 2 和探针 3 之间的电压，V；I 为探针引入的点电流源的电流，A。

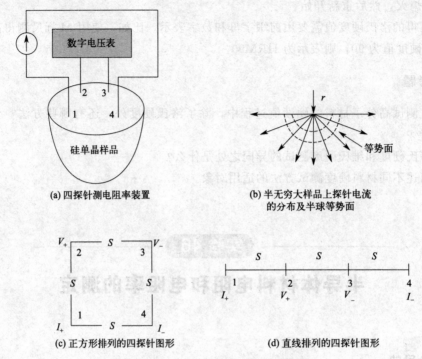

(a) 四探针测电阻率装置

(b) 半无穷大样品上探针电流
的分布及半球等势面

(c) 正方形排列的四探针图形

(d) 直线排列的四探针图形

图 1 直流四探针检测电阻率的原理图

图 1 给出了四探针法测半无穷大样品材料电阻率的原理图：（a）为直流四探针法测量电阻率的装置，（b）为半无穷大样品上探针电流的分布及等势面图形，（c）和（d）分别为正方形排列和直线排列的四探针图形。由于半导体表面与四探针的接触为点接触，对于图 1(b) 中的半无穷大样品，电流 I 主要以探针尖为圆心呈径向放射状流入体内。因为均匀导体内恒定电场的等位面为球面，则电流在体内所形成的等位面为图中虚线所示的半球面。于是，样品材料的电阻率为 ρ，半径为 r，间距为 dr 的两个半球等势面间的电阻率为：

$$dR = \frac{\rho}{2\pi r^2}dr \tag{2}$$

这两个半球等位面之间的电位差是：

$$dV = I\,dR = \frac{I\rho}{2\pi r^2}dr \tag{3}$$

考虑到样品材料为半无限大，在 $r \to \infty$ 的电位为 0，因此图 1(a) 中半无穷大样品材料上离开点电流源距离为 r 的点的电位与流经探针的电流和样品电阻率的关系式为：

$$(V_r)_1 = \int_r^\infty \frac{I\rho}{2\pi r^2}dr = \frac{I\rho}{2\pi r} \tag{4}$$

流经探针 1 的电流在探针 2 和探针 3 之间引起的电位差为：

$$(V_{23})_1 = \frac{I\rho}{2\pi}\left(\frac{1}{r_{12}} - \frac{1}{r_{13}}\right) \tag{5}$$

流经探针 4 的电流与流经探针 1 的电流方向正好相反，因此流经探针 4 的电流 I 在探针 2、3 之间形成的电位差为：

$$(V_{23})_4 = -\frac{I\rho}{2\pi}\left(\frac{1}{r_{42}} - \frac{1}{r_{43}}\right) \tag{6}$$

由式（4）可知，流经探针 1 和探针 4 之间的电流在探针 2 和探针 3 之间形成的电位差为：

$$V_{23} = \frac{I\rho}{2\pi}\left(\frac{1}{r_{12}} - \frac{1}{r_{13}} - \frac{1}{r_{42}} + \frac{1}{r_{43}}\right) \tag{7}$$

由此可得到样品材料的电阻率为：

$$\rho = \frac{2\pi V_{23}}{I}\left(\frac{1}{r_{12}} - \frac{1}{r_{13}} - \frac{1}{r_{42}} + \frac{1}{r_{43}}\right) \tag{8}$$

式（8）就是利用直流四探针法检测半无限大样品材料电阻率的普遍公式。

实际测量中，在采用直流四探针法测量电阻率时往往使用图 1(c) 中的正方形结构（简称方形结构）和图 1(d) 的等间距直线形结构探针，设定方形四探针和直线四探针的探针间距均为 S，对于直线四探针，则有 $r_{12}=r_{43}=S$，$r_{13}=r_{42}=2S$，因此

$$\rho = 2\pi S\frac{V_{23}}{I} \tag{9}$$

对于方形四探针，则有 $r_{12}=r_{43}=S$，$r_{13}=r_{42}=\sqrt{2}S$，因此

$$\rho = \frac{2\pi S}{2-\sqrt{2}} \times \frac{V_{23}}{I} \tag{10}$$

如果样品材料不是半无穷大，而是横向尺寸无限大，但其厚度 t 又比探针间距 S 无限小的时候，这种样品称为无限薄层样品。利用四探针法测量无限薄层样品电阻率的示意图如图 2 所示。图中被测样品材料为在 p 型半导体衬底上扩散有 n 型薄层的无限大硅单晶薄片，其中 n 型扩散薄层的厚度为 t，四根探针（探针 1、2、3、4）为在硅片表面的接触点，探针间距均为 S，且 $t \ll S$。I_- 表示电流从探针 4 流出硅片，I_+ 表示电流从探针

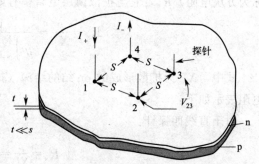

图 2　无限薄层样品电阻率的测量

1 流入硅片。与半无限大样品材料不同的地方是，探针电流在 n 型薄层内近似为平面放射状，因此其等势面可近似为圆柱面。与前面的分析类似，对于任意排列的四探针，流经探针 1 的电流 I 在样品中 r 处形成的电位为：

$$(V_r)_1 = \int_r^\infty \frac{I\rho}{2\pi rt}\mathrm{d}r = -\frac{I\rho}{2\pi t}\ln r \tag{11}$$

式中，ρ 为 n 型薄层的平均电阻率。探针 1 的电流 I 在探针 2 和探针 3 之间引起的电位差为：

$$(V_{23})_1 = -\frac{I\rho}{2\pi t}\ln\frac{r_{12}}{r_{13}} = \frac{I\rho}{2\pi t}\ln\frac{r_{13}}{r_{12}} \tag{12}$$

同理，探针 4 的电流 I 在探针 2 和探针 3 之间形成的电位差为：

$$(V_{23})_4 = \frac{I\rho}{2\pi t}\ln\frac{r_{42}}{r_{43}} \tag{13}$$

探针 1 和探针 4 的电流 I 在探针 2 和探针 3 之间引起的电位差是：

$$V_{23} = \frac{I\rho}{2\pi t}\ln\frac{r_{42}r_{13}}{r_{43}r_{12}} \tag{14}$$

因此，直流四探针法测无限薄层样品电阻率的普遍公式为

$$\rho = \frac{\dfrac{2\pi t V_{23}}{I}}{\ln\dfrac{r_{42}r_{13}}{r_{43}r_{12}}} \tag{15}$$

对于直线四探针，利用 $r_{12}=r_{43}=S$，$r_{13}=r_{42}=2S$，可得

$$\rho = \frac{\dfrac{2\pi t V_{23}}{I}}{2\ln 2} = \frac{\pi t}{\ln 2}\times\frac{V_{23}}{I} \tag{16}$$

对于方形四探针，利用 $r_{12}=r_{43}=S$，$r_{13}=r_{42}=\sqrt{2}S$，可得

$$\rho = \frac{2\pi t}{\ln 2}\times\frac{V_{23}}{I} \tag{17}$$

在对半导体扩散薄层的实际测量中，普遍采用与扩散层杂质总量有关的薄层电阻（又称为方块电阻）R_s，它与扩散薄层电阻率有如下关系：

$$R_s = \frac{\rho}{X_j} = \frac{1}{q\mu\displaystyle\int_0^{X_j} N\,\mathrm{d}X} = \frac{1}{q\mu N X_j} \tag{18}$$

式中，X_j 为扩散形成的 pn 结的结深（扩散层厚度）。对于无限薄层样品材料，方块电阻表示如下：

对于直线四探针：

$$R_s = \frac{\rho}{X_j} = \frac{\pi}{\ln 2}\times\frac{V_{23}}{I} \tag{19}$$

对于方形四探针：

$$R_s = \frac{\rho}{X_j} = \frac{2\pi}{\ln 2}\times\frac{V_{23}}{I} \tag{20}$$

在实际测量中，被测试的样品材料扩散片尺寸往往不满足上述的无限大条件，样品材料的形状也不一定相同，因此常需要引入不同的修正系数。

三、主要试剂与仪器

化学试剂：不同尺寸的硅单晶片，不同尺寸的碳纳米管/石墨烯复合导电膜。

仪器设备：四探针测试仪，千分尺。

四、实验步骤

① 分别测量给定的不同尺寸样品材料的电阻率、方块电阻值。

② 对同一样品，测量 5 个不同的点，并求出单晶断面电阻率不均匀度。

③ 用千分尺测量样品的几何尺寸，决定是否进行修正。

④ 对不同厚度和组分的复合导电膜，分别测量其薄层电阻率 R_s，求出平均电阻率。

五、实验结果和处理

1. 给定 3 个样品材料，各测量 10 个不同点，用 EXCEL 计算方块电阻、（修正）电阻率及标准差，作电阻率的波动图。

2. 在测量点相同的情况下，测量不同电流时的电阻率，计算（修正）同测量点电流不同时的方块电阻值和电阻率。

3. 计算扩散情况不同的样品的薄层电阻。

六、注意事项

1. 探头下压时，压力一定要适中，避免损坏探针。

2. 样品表面电阻可能分布不均，测量时需对一个样品材料多测几个点，然后取平均值。

七、思考题

1. 在测试过程中，电流过大或过小对测试结果会有什么影响？

2. 试比较未掺杂和掺杂的硅晶片电阻率大小，并解释其中原因。

实验 47

薄膜厚度和折射率的测定

一、实验目的

1. 掌握获取椭圆偏振光的原理。

2. 了解椭圆偏振仪（简称椭偏仪）的基本结构和测量薄膜参数的原理。

3. 熟悉椭圆偏振仪的使用方法。

二、实验原理

当光以一定入射角照射到薄膜介质样品上时，在多层介质膜的交界面处会发生多次光折射和光反射。在薄膜反射方向得到的光束的位相和振幅变化情况往往与膜的厚度及光学常数有关，因此，可根据反射光的特性来确定薄膜的光学特性。如果入射光是椭圆偏振光（简称椭偏光），只要测量反射光的偏振态变化，就能够确定薄膜的厚度和折射率，这就是椭圆偏振仪（简称椭偏仪）测量薄膜厚度和折射率的基本原理。

1. 椭圆偏振仪的基本光路图

椭圆偏振仪的基本光路图如图 1 所示。

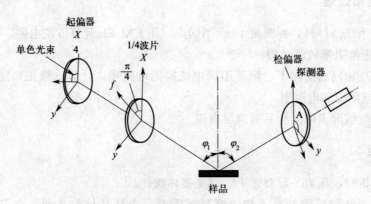

图 1　椭偏仪的基本光路图

由氦氖激光器提供电矢量均匀分布在垂直于光束传播方向的平面上的单色自然光，经起偏器过滤成为电矢量在一定方向上振动的线偏振光。再经过 1/4 波片作用变成等幅的椭圆偏振光（电矢量端点的轨迹在垂直于光束传播方向的平面上为椭圆）。该椭圆偏振光入射到样品上，通过适当调节起偏器的调节起偏角（P 角），可引起经样品反射后的椭偏光变成线偏光。其中，反射的线偏光方向可以由检偏器测出，称为检偏角 A 角。当检偏轴与线偏振光的振动方向垂直时会构成消光状态，此时光电倍增管的光电流最小。

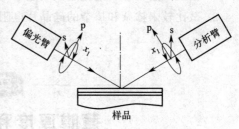

图 2　椭圆偏振光的两分量：
p 光波（平行于入射平面）
和 s 光波（垂直于入射平面）

用一束椭圆偏振光照射到样品表面，入射光的电矢量可分解为相互垂直的两个线偏光：振动方向与入射平面平行的线偏光（简称 p 光波或者 p 分量），与入射面振动方向垂直的线偏光（简称 s 光波或者 s 分量）。如图 2 所示。

2. 测量基本原理

入射光经过薄膜上、下分界面折射时满足折射定律：

$$n_1\sin\varphi_1 = n_2\sin\varphi_2 = n_3\sin\varphi_3 \tag{1}$$

根据光学相关公式，薄膜总的反射系数 R_p 和 R_s 分别定义为：

$$R_p = E_{rp}/E_{ip},\ R_s = E_{rs}/E_{is} \tag{2}$$

式中，r_{1p} 或 r_{1s} 和 r_{2p} 或 r_{2s} 分别是 p 或 s 分量在界面 1 和界面 2 上一次反射的反射系数，2δ 为任意相邻两束反射光间的位相差。由电磁场的边界条件和麦克斯韦方程，可证明：

$$r_{1p} = \tan(\varphi_1 - \varphi_2)/\tan(\varphi_1 + \varphi_2),\ r_{1s} = -\sin(\varphi_1 - \varphi_2)/\sin(\varphi_1 + \varphi_2) \tag{3}$$

$$r_{2p} = \tan(\varphi_2 - \varphi_3)/\tan(\varphi_2 + \varphi_3), \quad r_{1s} = -\sin(\varphi_2 - \varphi_3)/\sin(\varphi_2 + \varphi_3) \qquad (4)$$

即著名的菲涅耳（Fresnel）反射系数公式。若能从实验中测出 Δ 和 φ 值，原则上就能够算出薄膜的厚度 d 和折射率 n_2，这就是椭圆偏振法测量的基本原理。

三、主要试剂与仪器

化学试剂：二氧化硅薄膜（SiO_2），氮化硅薄膜（Si_3N_4），氧化锆薄膜（ZrO_2）。

仪器设备：椭圆偏振仪（图3）。

图 3　椭圆偏振仪

四、实验步骤

① 接通激光器电源，将被测样品置于样品台上，调节样品台。

② 根据反射定律设置合适的入射角和反射角。

③ 从观察窗看光束，调节平台高度调节钮，在观察窗看到最圆最亮的光点。

④ 打开桌面上的测试软件，对仪器预热十分钟，如果已做过测试，则不用预热，随后对仪器进行初始化。

⑤ 选择不同的测试内容，包括测试不同薄膜折射率、厚度、消光系数等，然后开始测量数据。

⑥ 计算 Δ 和 φ 值，利用计算机算出 d 和 n 值。

⑦ 导出和分析数据。

五、注意事项

1. 实验时为了减小测量的误差，需要将样品台调水平，并尽量保证入射角 φ_1 的准确性，确保获得正确的数据。

2. 所有测量均为光从空气介质入射至样品薄膜面上。

3. 一般情况下，波片不允许转动，以免引起测量误差。

六、思考题

1. 利用椭圆偏振仪测量薄膜的折射率和厚度时，对薄膜有什么要求？

2. 试着列举椭圆偏振法测量中可能出现的误差来源，分析它们对测量结果的影响。

材料杨氏模量的测定

一、实验目的

1. 了解杨氏模量测定仪的结构和工作原理。
2. 掌握利用静态拉伸法测定金属丝的杨氏模量。
3. 掌握长度测量和正确的读数据方法。
4. 学习误差分析，掌握利用作图法和逐差法处理数据。

二、实验原理

固体材料在外力作用下发生的形状变化称为形变，形变通常分为范性形变和弹性形变。如果物体在外力停止作用以后，不能完全恢复至原状，这种形变称为范性形变。如果物体在外力停止作用以后，能完全恢复至原状，这种形变称为弹性形变。

拉伸变形是一种最普遍和最简单的形变，在本实验中，针对连续、均匀、各向同性的棒状材料（或金属丝）进行拉伸试验。设定原金属棒（或金属细丝）的长度为 L，横截面积为 S。当两端受拉力（或压力）F 后，物体会伸长（或缩短）ΔL。其中，单位横截面积所承受的力（F/S）称为应力，单位长度的伸长量（$\Delta L/L$）称为应变。根据胡克定律，在弹性限度内，弹性体的应力与应变成正比关系，即：

$$F/S = E(\Delta L/L) \tag{1}$$

式中，比例系数 E 为杨氏模量，N/m^2。

杨氏模量测试仪如图 1(a) 所示。有两根立柱固定在较重的三脚底座上，在两立柱上有可沿柱上、下移动的平台和横梁。其中，金属棒（或金属丝）的上端夹紧在横梁夹子 1 中，下端夹紧在夹子 2 中，夹子 2 可在平台 4 的圆孔内上下自由运动。平台 4 上方放置有光杠杆 3，平台 4 下方放置拉伸被测金属棒（或金属丝）的砝码托 5，当砝码托上减少或者增加砝码时，金属棒（或金属丝）将伸长或缩短 ΔL，同时夹子 2 也跟着下降或上升 ΔL。

实验证明，杨氏模量 E 只与金属棒（或金属丝）的材料有关，而与金属棒的长度 L、横截面积 S 及外力 F 大小无关。如果金属棒的直径为 d，则 $S = \frac{1}{4}\pi d^2$，代入式(1) 中可得：

$$E = \frac{4FL}{\pi d^2 \Delta L} \tag{2}$$

式(2) 表明，在直径、长度与所加外力相同的情况下，杨氏模量大的金属棒（或金属丝）伸长量较小，而杨氏模量小的金属棒（或金属丝）伸长量较大。因此，杨氏模量是表征材料抵抗外力引起的拉伸（或压缩）形变的一个重要物理量。实验中，只要测量出 L、ΔL、和 F 值就能算出金属棒（或金属丝）的杨氏模量 E。

在式（2）中，L、d、和 F 都比较容易测量，唯有 ΔL 值非常小，采用常规长度测量工具无法直接测出准确数据。所以，本实验主要采用光杠杆放大 ΔL，以便进行测量。

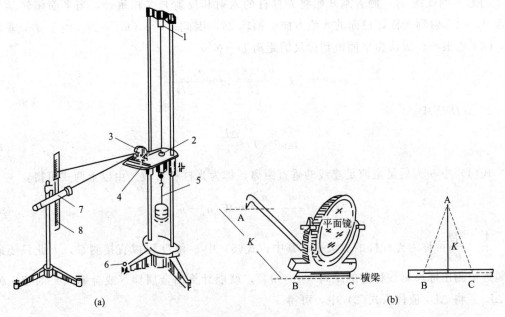

图 1　杨氏模量仪（a）和光杠杆（b）

1—横梁夹子；2—夹子；3—光杠杆；4—平台；5—砝码托；6—水平调节螺旋；7—望远镜；8—标尺

光杠杆是利用放大法测量微小长度变化量的常用仪器，具有很高的灵敏度。光杠杆的结构如图 1(b) 所示，T 形架上垂直放置着平面镜。T 形架主要由三个足尖 A、B、C 支撑，实际上是一个等腰三角形，其中 A 足到 B、C 两足之间的垂直距离 K 可以灵活调节。光杠杆测长度的原理如图 2 所示，将两前足 B、C 置于固定平台 4 的前沿槽内，后足尖 A 放在夹子 2 上。利用图 1(a) 的望远镜 7 和标尺 8 测量平面镜的角偏移值，即可求出金属棒（或金属丝）的伸长量。光路部分如图 2 所示。

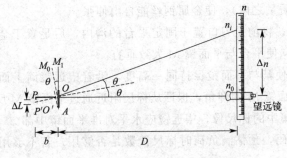

图 2　光杠杆测量微小长度的原理

图 2 中 M_0 表示金属棒（或金属丝）在伸直状态下，光杠杆小镜的位置。金属棒（或金属丝）没有伸长时，平面镜垂直于平台，其法线为水平直线，望远镜水平对准平面镜，

从标尺 n 处发出的光线经平面镜反射进入望远镜，并与望远镜中的叉丝横线对准。当砝码托上加第 i 块码后，金属棒（或金属丝）伸长导致置于金属棒（或金属丝）下端附着在平台上的光杠杆后足 P 跟着下降到 P'，PP' 值为钢丝的伸长度 ΔL，于是平面镜的法线方向转过某一角度 θ，平面镜处于位置 M_1。在固定不动的望远镜中会看到水平叉丝对准标尺上的另一刻度线 n_i。倘若刚开始将光杠杆的入射和反射光线相重合，当平面镜转某一角度 θ，则入射到光杠杆镜面的光线方向会偏转 2θ，因此，$\angle n_0 O n_i = 2\theta$。由于 θ 值非常小，OO' 也很小，故认为平面镜到标尺的距离 $D \approx O'n_0$，

$$\tan 2\theta \approx 2\theta \approx \frac{n_i - n_0}{D}, \theta \approx \frac{n_i - n_0}{2D} \tag{3}$$

在 $\triangle OPP'$ 中：

$$\tan \theta \approx \theta = \frac{\Delta L_i}{b} \tag{4}$$

式(4)中 b 为后足至前足连线的垂直距离，称为光杠杆常数。由以上两式可得：

$$\Delta L_i = \frac{b(n_i - n_0)}{2D} = W(n_i - n_0) \tag{5}$$

$\frac{1}{W} = \frac{2D}{b}$ 可称为光杠杆的放大率。其中，式(5)中 b 和 D 可以直接测量，因此只要通过望远镜测出标尺刻线移过的距离 $(n_i - n_0)$，就能计算出金属棒（或金属丝）的相应伸长 ΔL_i。将 ΔL_i 值代入式(2)中，可得：

$$E = \frac{2LDF}{Sbn_i} = \frac{8LDF}{\pi bd^2(n_i - n_0)} \tag{6}$$

三、主要试剂与仪器

实验试剂：金属钢丝。

仪器设备：杨氏模量仪，望远镜，标尺，米尺，螺旋测微器，游标卡尺。

四、实验步骤

① 调整支架呈竖直状态，夹好钢丝，在钢丝的下端悬挂一钩码和适量砝码，（其质量不算在以后各次所加质量之内），使金属钢丝能自由伸张。

② 安置好光杠杆，将前足刀口置于固定平台的沟内，后足置于金属钢丝下端附着的平台上，并靠近钢丝，使平台与平面镜 M 大致垂直。

③ 调节望远镜，使其与平面镜保持同一高度，沿着望远镜筒上面的缺口和准星观察到平面镜 M，改变平面镜 M 的仰角，保证从标尺附近通过平面镜 M 反射看到望远镜。标尺要竖直，观察望远镜中的标尺像，望远镜应水平对准平面镜中部。

④ 通过加几个砝码，预估满负荷时标尺读数是否够用，若不够用，对平面镜进行微调，调好后取下砝码。

⑤ 记录望远镜中水平叉丝对准的标尺刻度初始读数 n_0。再在金属钢丝下方加砝码（1.0 kg），记录望远镜中标尺读数 n_1。随后依次加 1.0 kg 的砝码，并分别记录增量过程中望远镜中的标尺读数。然后每次减少 1.0 kg 的砝码，并记录减重时望远镜中标尺的读

数，填写在数据记录表格中（见后面数据记录部分）。

⑥ 利用游标卡尺测量光杠杆长度 b，用米尺测量平面镜与标尺之间的距离及钢丝长度。用螺旋测微器测量钢丝直径 d，测量 5 次。

⑦ 采用分组逐差法计算 $(n_i - n_0)$，$n_i - n_0 = [(n_3 - n_0) + (n_4 - n_1) + (n_5 - n_2)]/3$，此时 $F = mg$，$m = 3$ kg，由式（6）可计算杨氏模量 E 和误差 ΔE。误差公式为：

$$\frac{\Delta E}{E} = \frac{\Delta L}{L} + \frac{\Delta b}{b} + \frac{2\Delta d}{d} + \frac{\Delta D}{D} + \frac{\Delta(n_i - n_0)}{n_i - n_0}, \Delta(n_i - n_0) = \frac{\Delta n_0 + \Delta n_1 + \Delta n_2 + \Delta n_3 + \Delta n_4 + \Delta n_5}{3}$$

其中不计砝码质量的误差。

五、实验结果和处理

1. 数据测量（单位：mm）

标尺到光杠杆平面镜的距离 $D =$ _____；$\Delta D =$ _____；

光杠杆前后足尖的垂直距离 $b =$ _____；$\Delta b =$ _____；

金属钢丝长度 $L =$ _____；$\Delta L =$ _____；每个砝码的质量 $m =$ _____kg。

2. 金属钢丝直径记录（表1）

表1　金属钢丝直径

物理量	1	2	3	4	5	平均值	误差
金属钢丝直径 d/mm							

3. 金属钢丝伸长记录（表2）

表2　金属钢丝伸长记录 （单位：cm）

物理量	n_0	n_1	n_2	n_3	n_4	n_5
加砝码						
减砝码						
加砝码						
减砝码						
平均值						
误差						

六、注意事项

1. 一旦实验系统调好后，在实验过程中不可以对系统的任何部分作调整。否则，所有数据需重新测试一次。

2. 增减砝码时需要防止砝码晃动，以免钢丝摆晃造成光杠杆移动。确保系统稳定后才能读取数据。注意砝码的各槽口相互错开，防止因钩码倾斜使砝码掉落。

3. 注意保护望远镜和平面镜，忌用手触摸镜面。

4. 待测金属钢丝不能扭折，倘若生锈或者弯曲，必须更换。

5. 望远镜调整需要消除视差。

6. 由于刻度尺中间刻度为零，在逐次加砝码时，如果望远镜中的标尺读数由零的一侧变化至另一侧时，应在读数前加负号。

7. 读数过程中需要随时关注读数是否有误。

8. 测量时卷尺应水平放置，测量 D 时应该测量标尺到平面的垂直距离。

9. 实验结束后应取下砝码，防止金属钢丝疲劳。

七、思考题

1. 增大光杠杆的 D 与减小 b 都可以增加放大倍数，从光杠杆的放大倍数考虑，二者有何不同？

2. 如何提高测量微小长度变化的灵敏度？能否增大 D 以无限制增大放大倍数？放大倍数是不是越大越好？对于放大倍数的增大有没有限制？

3. 采用拉伸法测量金属钢丝的杨氏模量中需要测量哪些物理量？分别用什么仪器测？应估算到哪一位？

4. 什么情况下需要用逐差法？逐差法有何优点？

5. 在有、无初始负载时，测量金属钢丝原长 L 有什么区别？

6. 材料相同，但是粗细、长度不同的两根金属钢丝，其杨氏模量是否相同？

实验 49

透射电子显微镜（TEM）的工作原理及微观形貌观察

一、实验目的

1. 了解透射电子显微镜的工作原理以及仪器的基本结构。
2. 学习纳米金属粉末样品的制备方法和透射电子显微镜的操作。
3. 掌握纳米材料的微观形貌和结构测试结果的分析。

二、实验原理

透射电子显微技术自 20 世纪 30 年代诞生以来，成为材料、物理、化学、化工、生物等领域科学研究中物质微观结构测试与观察十分重要的手段，尤其是近几十年来，纳米材料研究的快速发展赋予这一电子显微技术以极大的生命力。透射电子显微镜（简称透射电镜，transmission electron microscope，TEM）是一类以波长极短的平行电子束作为照明源，利用电磁透镜聚焦成像的具有高分辨率和高放大倍数的电子光学仪器。它主要包括电子光学系统（镜筒）、循环冷却系统、操作控制系统和真空系统，如图 1 所示。TEM 往往采用热阴极

图 1　透射电子显微镜结构

电子枪以获得电子束作为照明源，其中热阴极发射的电子会在阳极加速电压的作用下，高速穿过阳极孔，随后被聚光镜汇聚形成具有一定直径的束斑照到样品上。

通常，具有一定能量的电子束与样品会发生作用，产生反映样品微区厚度、晶体结构、平均原子序数或位向差别的各种信息。穿透样品的电子束强度（取决于上述信息）经过物镜聚焦，并放大在其像平面上，从而形成一幅反映这些信息的透射电子图像，并经过中间镜和投影镜的进一步放大，最终在荧光屏上展现放大的电子图像。TEM 成像系统可实现两种成像操作：一种是将物镜背焦面的衍射花样放大成像，即电子衍射分析；另外一种则是将物镜的像放大成像，即样品形貌观察。如图 2 所示。

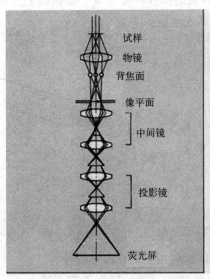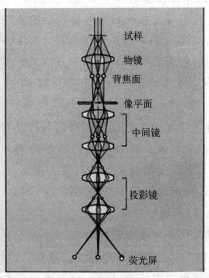

图 2　透射电镜成像技术：电子衍射分析和形貌观察

TEM 成像系统中的物镜是显微镜的核心，其分辨率为显微镜的分辨率。TEM 具有很高的空间分辨能力，非常适合纳米粉体样品的分析。其特点有：样品使用量很少，能够获得样品的形貌、分布和颗粒大小，获得特定区域的物相结构信息等。对于粉体样品，通常采用超声分散的方式制样。然而，粉体颗粒的大小应该小于 300 nm，否则电子束很难透过。对于液体样品或者分散样品，可直接滴加至铜网上，对于块状样品的微观形貌分析，TEM 需要对材料进行减薄处理或者表面复型处理。目前世界上最先进的 TEM 分辨本领达到 0.1 nm，可以用于直接观察原子像。

三、主要试剂与仪器

化学试剂：纳米二氧化钛粉末（TiO_2），无水乙醇。

仪器设备：JEM-2100 型透射电子显微镜（图 3），超声波清洗器，移液枪。

图 3　JEM-2100 型透射电子显微镜

四、实验步骤

1. 样品制备

① 利用超声波清洗器使 10 mg 纳米金属氧化物粉末（TiO_2）超声分散于 60 mL 无水乙醇中，超声处理 15 min，形成分散性很好的胶体或悬浊液。

② 用移液枪吸取一滴上述液体样品滴至涂覆有碳支持膜的铜网上，晾干备用。

2. 样品电镜观察

整个操作过程包括多个步骤，分别在计算机的操作界面上及手动面板上完成。

① 先检查仪表和计算机屏幕显示的真空情况。

② 启动高压 HT 按钮，加高压 120 kV→180 kV，时间设置为 10 min，等待 3 min 后，再进行 180 kV → 200 kV 的升压过程，时间设置为 10 min。

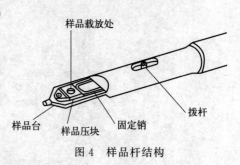

图 4　样品杆结构

③ 升压过程中，小心将铜网装到样品杆（如图 4 所示）上，插入样品杆之前需要检查主机工作参数和显示屏上的相关参数。插入样品杆以后，预抽真空，待绿灯闪亮 10 min 后，完全插入样品杆，2 min 以后加灯丝电流。

④ 样品微观形貌观察和分析。首先小心移动试样台，观察分析试样，然后选择合适的放大倍数、样品坐标和光亮度，聚焦，CCD 相机拍照，并保存照片。

⑤ 待试样观察结束以后，设定放大倍数为 40 k，束流聚焦于荧光屏中心，然后关掉灯丝电流，复位试样台坐标轴（X、Y 和 Z 轴）至"0"，最后小心拉出样品杆。

⑥ 实验完毕后，先下调高压至 120 kV（200 kV→120 kV，时间控制在 5 min），随后关掉高压。

⑦ 如实填写实验记录。

⑧ 离开实验室之前，必须搞好卫生，同时检查空调和除湿机的运转情况。

五、实验结果和处理

1. 将 CCD 相机获取的照片（DM3 格式）转化为 JPG 或 TIFF 格式，采用光盘导出。

2. 利用照片中标出的比例尺等信息分析 TiO_2 的粒径、形貌、分散性及高分辨图像中晶面间距的归属。写出实验报告。

六、实验注意事项

1. 勿擅自操纵、修理仪器。

2. 需要预习实验内容，注重理论知识的学习和补充。

3. 实验开始前，一定要先确认真空系统状态以及真空度。

4. 样品杆有多种类型，常见的有单倾、双倾（更适合做高分辨取向性观察）等。将铜网固定至样品杆上时，固定螺丝不可拧过紧，为防止铜网脱落，可用右手握住样品杆，左手轻拍右手数次。

5. 将样品杆装入主机时一定要小心，注意动作的协调性和连贯性，以免损坏样品、样品台或导致体系真空度降低（漏气）。

6. CCD 相机的使用及维护：用标准样品（一般为纳米金）进行比例尺标定。

7. 为了避免其中的光学器件受到损伤，使用 CCD 相机观察样品时需要选择合适的强度，观测完毕及时关闭面板，实验室尽量保持暗室条件。

8. 每次更换样品时，切记进行"归零操作"。

七、思考题

1. TEM 主要由哪几个部分构成？

2. 简述铜网附有的担载膜特点。

3. 在科学研究中，TEM 主要能解决什么问题？

4. TEM 检测粉末样品时，通常采用超声分散法将样品负载至铜网上，能否选择可溶解该样品的分散剂？

5. 简述 TEM 常见的附属仪器及其主要功能。

实验 50

扫描电子显微镜（SEM）的工作原理及微观形貌观察

一、实验目的

1. 了解金属材料典型断口形貌特征。

2. 熟悉掌握 SEM 的基本结构，掌握 SEM 测试原理。

3. 学习 SEM 的基本操作方法。

4. 掌握 SEM 图片的分析与描述方法。

二、实验原理

扫描电子显微镜（scanning electron microscope，SEM）是继 TEM 之后发展起来的一种电子显微镜。如图 1 所示，扫描电子显微镜主要由电子光学系统（包括电子枪、三级聚光镜、电子对中线圈、消像散器及样品室等）、扫描系统（包括扫描线圈、扫描发生器和放大倍率选择器等）、信号检测收集和显示系统（包括探测器、显像管和放大器等）、真空系统（包括油扩散泵和机械泵）、电源系统与冷却系统六大部分组成。

扫描电子显微镜的成像原理与光学显微镜或透射电子显微镜不同，它主要以电子束作为照明源，将细聚焦的电子束轰击样品表面。由于镜筒中的电子束与显像管中的电子束是同步扫描的，而荧光屏上每一点的亮度往往根据样品上被激发的信号强度来调制，因此样

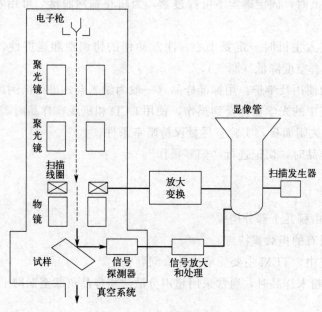

图1　SEM 结构原理图

品上各点的状态不同，接受的信号也不同，故可在荧光屏上看到反映试样各点状态的扫描电子图像。因此，通过电子与样品相互作用产生的二次电子、背散射电子等对样品表面或断口处形貌进行观察和分析。SEM 的特点有：

① 试样需要具有良好的导电性能，对于不导电的试样，一般需要在其表面蒸镀一层金属导电膜。

② 如果试样为块状、薄膜或者颗粒状固体，可在真空中直接进行观测。

③ 试样表面一般凹凸不平，起伏较大。

④ 观察方式不同，则制样方法不同。

⑤ 试样制备与加速电压、扫描速度（方式）和电子束流等条件的选择具有密切关系。

在进行观察时，如果试样表面不导电或导电性能不好，将产生电荷积累与放电，导致入射电子束偏离正常路径，造成图像不清乃至无法观察和拍照。

SEM 通常适用于成分分析（和电子探针结合）、断口形貌分析、金相表面形貌观察，以及材料变形与断裂动态过程原位观察。断口是金属构件或钢材断裂后，破坏部分的外观形貌，为断裂失效中两断裂分离面的简称。由于金属材料中的裂纹扩展方向遵循最小阻力路线，因此断口通常也是材料中性能最弱或零件中应力最大的部位。断口真实地记录了裂纹由出现、扩展直至失稳断裂整个过程的与断裂相关的信息。因此，它不仅是分析断裂原因的可靠依据，同时也是研究断裂过程微观机制的基础。断口分析主要分为宏观分析和微观分析两类，它们相互补充，各有特色，是整个断口分析中相互关联的两个重要阶段。断口、裂纹、工艺损伤缺陷分析是失效分析工作的基础。实践证明，没有断口、损伤缺陷和裂纹的正确诊断结果，就无法提出失效分析的准确结论。

三、主要试剂与仪器

化学试剂：合金结构钢断口试样，X70 管线钢断口试样。

仪器设备：SEM，超声波清洗器。

四、实验步骤

1. SEM 的启动（开机）

① 打开总电源，并接通循环水。
② 打开主机稳压电源开关，确认电压稳定。
③ 打开主机，启动真空系统，运行计算机程序。
④ 启动仪器自动抽高真空，待达到一定真空度，点击电子枪加高压，进入工作状态。
⑤ 利用计算机移动样品台，调整放大倍数、像散、聚焦、亮度和对比度等参数，确保获得满意的图像。
⑥ 对于满意的图像可以进行存盘或打印。

2. 更换样品

① 关闭电子枪高压，移动样品台回到中心位置。
② 打开放气阀，使空气进入样品室。
③ 打开样品室，然后从样品台架上取出样品台。
④ 更换样品后关上样品室门，使真空系统开始工作，重复开机，重复步骤 1 的④～⑥。

3. 关机

① 关闭电子枪高压，移动样品台回到中心位置。
② 关闭 SEM 操作界面，并关闭计算机。
③ 关闭主机电源。
④ 等待 20 min 后关闭循环水。
⑤ 关闭总电源。

4. 样品制备

适当清理断口上附着的污染物或腐蚀介质，注意尽量不使断口产生二次损伤，当失效件体积太大时需要切割或分解。切割时，先对断口进行宏观分析，以确定首断部位，随后进一步确定断裂的起始部位。切割前，先将需要分析的部位保护起来，切割时，尽量使用切或锯等不会产生高温的机械方法，确保重点分析部位不会因高温而产生二次损伤。

5. 分析韧窝断口

从 20 号钢拉伸断口截取一段 6～8 mm 高的试样，在 SEM 下可观察到大量的微坑（韧窝），这是因为材料承载超过 σ_b 以后，局部高应变区位错在夹杂物前塞积引起微裂纹的形成、长大，最后微孔聚合联结而发生断裂。微孔内可见第二相夹杂物。由于材料塑性不同，第二相粒子的形状和尺寸不同，微坑大小、形状和深浅均不相同。

6. 分析解理断口

解理断口是金属在正应力作用下裂纹沿低指数面快速扩展的低能量脆性断裂。从低温冷脆试样上截取一小段断口，在 SEM 下可观察到解理断口的特征形貌。解理断口上可以观察到河流花样，是裂纹沿着许多平行的解理面扩展而形成的解理台阶汇合的结果。裂纹扩展的方向就是河流的流向，而裂纹的起源处则是河流的上游，河流通常不穿过大角度晶界。

7. 分析沿晶断口

从过热冲击试样断口上切取一段试样，或从氢脆及应力腐蚀断口上切取一段试样，在 SEM 下可以观察到沿晶断口，它主要由晶界弱化而使裂纹沿晶界扩展所导致，具体形貌与晶粒的形状和沿晶有无析出有关。如果材料是由等轴晶粒构成时，则沿晶断裂形态清晰可见。

8. 分析疲劳断口

从铝合金疲劳断口上的裂纹源附近切取一段试样，利用 SEM 可观察到疲劳裂纹扩展区存在一些彼此平行、间距相等而略为弯曲的条纹，这就是疲劳裂纹。它们与主裂纹扩展方向相垂直，且每一条裂纹代表一次载荷循环，每一条辉纹表示该应力循环时裂纹前沿的位置。

五、实验结果和处理

1. 断口宏观分析

在 SEM 小于 40 倍的条件下分别对 D_1、D_2 和 D_3 断口进行观察，观察内容见表 1，填写表 1 并综合表 2 数据，确定断口断裂的类型。

表 1　金属断口的宏观形貌特征

样品代号	样品材料	断裂方式	塑变区比例	表面粗糙程度	色泽	断裂类型
D_1	22Cr	冲击				
D_2	22Cr	冲击				
D_3	X70	疲劳				

2. 断口微观分析

利用二次电子信息对断口形貌进行观察，观察内容见表 2 和表 3。

表 2　金属断口的微观形貌特征（D_1 和 D_2）

样品代号	样品材料	断裂方式	解理	准解理	韧窝	滑移	断裂类型
D_1	22Cr	冲击					
D_2	22Cr	冲击					

表 3　金属断口的微观形貌特征（D_3）

样品代号	样品材料	断裂方式	裂纹源区	裂纹稳定扩展区	裂纹快速扩展区	断裂类型
D_3	X70	疲劳				

六、思考题

1. 电子束入射固体样品表面会激发哪些信号？简述 SEM 及样品表面形貌像常用信号。

2. D_1 和 D_2 断口样品材料均为 22Cr，断裂方式为冲击，为什么两者断裂类型不同？

3. 通过断口形貌观察可以研究材料的哪些性质？

实验 51

金属材料热膨胀系数的测定

一、实验目的

1. 了解金属材料热膨胀系数的定义和意义。

2. 掌握示差法测定金属材料热膨胀系数的原理和方法。

二、实验原理

绝大多数物质因内部分子热运动加剧或减弱都具有"热胀冷缩"的特性，其长度或体积随着温度的升高而增大的现象称为热膨胀，这一现象是衡量材料热稳定性的一个重要指标。材料的这一特点在材料加工和机械仪器的制造中都必须考虑到，否则将影响结构的稳定性和仪表的精度。对于金属材料，热膨胀系数通常指的是线膨胀系数。假设金属材料原来的长度为 L_0，温度升高 ΔT 后长度的增量为 ΔL，则 $\Delta L/L_0 = \alpha_1 \Delta T$。公式中的 α_1 即为该金属材料的线膨胀系数，其物理意义是温度每升高 1 ℃时，单位长度材料所增加的长度，即材料的相对伸长，单位为 ℃$^{-1}$。此外，当某一金属材料的温度从 T_1 升高到 T_2 时，除了长度会发生变化，其体积也从 V_1 变化为 V_2，则在 $T_1 \sim T_2$ 的温度范围内，每升高单位温度，材料的平均体积增长量为 $\beta = (V_1 - V_2)/[V_1(T_1 - T_2)]$，其中 β 为平均体膨胀系数。测定平均体膨胀系数的技术较为复杂，因此在讨论金属材料的热膨胀系数时常采用线膨胀系数，$\alpha = (L_1 - L_2)/[L_1(T_1 - T_2)]$，$L_1$ 和 L_2 分别为材料在 T_1 和 T_2 温度时的长度。

大量实验研究表明不同材料的线膨胀系数不同，塑料的线膨胀系数最大，金属次之，殷钢和石英的线膨胀系数很小。殷钢和石英的这一特点在精密测量仪器中有较多的应用。同时，金属材料的线膨胀系数实际上不是恒定不变的，而是随温度变化。同一种材料在不同温度范围内的线膨胀系数不一定相同，例如某些合金在金相组织发生变化的温度附近，会同时出现线膨胀量的突变。另外线膨胀系数还与材料纯度有关，如对某些材料掺杂后，其线膨胀系数变化很大。因此，一般所指的材料线膨胀系数都是指在一定温度范围 ΔT 内的平均值，因此使用时要注意温度范围。

本实验采用示差法测量金属材料的线膨胀系数，其原理是基于热稳定性较好的石英玻璃（棒和管）在较高温度下的线膨胀系数随温度变化改变很小的性质。当温度升高时，石英玻璃管与其中的待测材料和石英玻璃棒都会发生膨胀，但是待测材料的膨胀比石英玻璃管上同样长度部分的膨胀大，使得与待测材料接触的石英玻璃棒发生移动，这个移动是石英玻璃管、石英玻璃棒和待测材料三者的同时伸长和部分抵消之后在千分表上所显示的长度变化值，它包括待测材料与石英玻璃管和石英玻璃棒的热膨胀差值。测定出系统的伸长差值及加热前后的温度差，并根据已知石英玻璃的膨胀系数，便可计算出待测材料的热膨胀系数。

图 1 为石英膨胀仪的工作原理示意图，膨胀仪上千分表的读数为 $\Delta L = \Delta L_1 - \Delta L_2$，则待测材料的净伸长为 $\Delta L_1 = \Delta L + \Delta L_2$，根据定义，待测材料的线膨胀系数为：$\alpha = (\Delta L + \Delta L_2)/(L\Delta T) = \Delta L/(L\Delta T) + \Delta L_2/(L\Delta T)$，其中 $\alpha_{石英} = \Delta L_2/(L\Delta T)$，所以 $\alpha = \alpha_{石英} + \Delta L/(L\Delta T)$，若温度差为 $T_2 - T_1$，则 $\alpha = \alpha_{石英} + \Delta L/[L(T_2 - T_1)]$。公式中 $\alpha_{石英}$ 指的是石英玻璃的平均线膨胀系数，按下列温度范围取值：$5.7 \times 10^{-7} ℃^{-1}$（0～300 ℃），$5.9 \times 10^{-7} ℃^{-1}$（0～400 ℃），$5.8 \times 10^{-7} ℃^{-1}$（0～1000 ℃），$5.97 \times 10^{-7} ℃^{-1}$（200～300 ℃）。$T_1$ 为开始测定的温度，T_2 一般设定为 300 ℃（若需要，也可以设定为其他温度）。ΔL 为试样的伸长值，即温度从 T_1 升高到 T_2 时千分表读数的差值，单位为 mm。

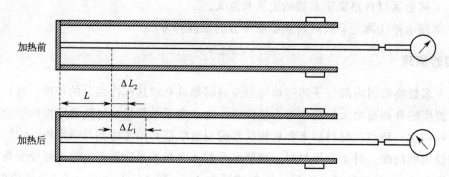

图 1　石英膨胀仪的工作原理图

三、主要试剂与仪器

化学试剂：紫铜棒，铝棒，钢棒，不同成分的铜合金棒。

仪器设备：石英膨胀仪（包括管式电炉、特制石英玻璃管、石英玻璃棒、千分表、热电偶、电位差计、调压器等），小砂轮片（磨平试样端面），游标卡尺（量试样长度用），秒表（计时用）。

四、实验步骤

① 试样准备。取无缺陷材料作为待测试样，试样尺寸依据不同仪器的要求而定。一般石英膨胀仪要求试样直径为 5～6 mm，长度为（60±0.1）mm；UBD 万能膨胀仪要求试样直径为 3 mm，长度为（50±0.1）mm；Weiss 立式膨胀仪要求试样直径为 12 mm，长度为（65±0.1）mm。端面抛光磨平，精确测量试样的长度。

② 接好并检查电路，将石英玻璃管架在铁架上。

③ 安装待测试样。先把准备好的待测试样小心地装入石英玻璃管内，然后装进石英玻璃棒，使石英玻璃棒紧贴试样，在支架另一端装上千分表，使千分表的顶杆轻轻顶压在石英玻璃棒的末端，把千分表调至零位。

④ 将卧式电炉沿滑轨移动，将管状电炉的炉芯套上石英玻璃管，使试样位于电炉中心位置（即热电偶端位置）。

⑤ 设定升温速率（3 ℃/min），升温时应注意保持升温速率的均匀性，注意升温过程必须是单向的，即在整个升温过程中没有降温再升温的情况。

⑥ 读数，每隔 2 min（或每升温 6 ℃）记录一次千分表的读数即伸长量 ΔL，直至规定温度。

⑦ 实验结束后，关闭电源降温，取出待测试样，恢复实验装置原状。

⑧ 将实验所测数据记录在表 1 中，计算待测材料的热膨胀系数，绘制热膨胀系数-温度曲线。

表 1 实验结果记录表

试样编号	试样长度 L/mm	试样温度 T/℃	千分表读数 ΔL/mm	热膨胀系数 α
1				
2				
3				

五、注意事项

1. 待测试样和石英玻璃、千分表顶杆三者应先在炉外调整成平直相接，并保持在石英玻璃管的中心轴区，以消除摩擦与偏斜造成的误差。

2. 待测试样与石英玻璃棒要紧紧接触使试样的膨胀增量及时传递给千分表。

3. 升温速率不宜过快，以 2～3 ℃/min 为宜，并使整个测试过程均匀升温。

4. 热电偶的热端尽量靠近试样中部，但不应与试样接触。测试过程中不要触动仪器，也不要震动实验台面。

六、思考题

1. 在加热和测量过程中应该注意些什么？
2. 该实验的误差主要来自何处？如何减少测量误差？

实验 52

超级电容器的组装及电化学性能测试

一、实验目的

1. 了解超级电容器的基本原理及特点。

2. 熟悉电极片的制备及电容器的组装。

3. 掌握超级电容器的电化学性能测试方法。

二、实验原理

1. 电容器的定义

电容器是一种电荷存储器件，按存储电荷原理可分为传统静电电容器、双电层电容器和法拉第准电容器。传统静电电容器主要通过电介质的极化来储存电荷，它的载流子为电子。双电层电容器和法拉第准电容器主要通过电解质离子在电极/溶液界面的聚集或发生氧化还原反应来进行电荷存储，载流子为电子和离子，能存储比传统静电电容器大得多的电量，因此都被称为超级电容器。超级电容器是一种介于传统静电电容器与化学电池之间的新型储能装置，属于新一代绿色能源，其特点是循环寿命长、功率密度大和充放电速度快。

2. 超级电容器的电化学性能测试

循环伏安法（cyclic voltammetry，CV）是一种常用的电化学研究方法。该法控制电极电势以不同的速率随时间以三角波形一次或多次反复扫描，电势范围是使电极上能交替发生不同的还原和氧化反应，并记录电流-电势曲线，如图 1 所示。在研究电化学反应过程时，根据 CV 曲线峰出现的位置和个数可以粗略判断电极表面发生的反应情况，根据峰电位的正负和峰电流的大小可以判断活性物质在电极表面反应的可逆程度。氧化峰和还原峰面积的变化宏观上表现为氧化和还原电量的改变，可用来判断不同因素对电极反应的影响。对于超级电容器，在一定的扫速下进行 CV 测试，充电时电流是一个恒定的正值，而放电时电流为一个恒定的负值，因此在 CV 曲线上就表现为一个理想的矩形。由于实际过程中电极/电解液的界面可能会发生氧化还原反应，实际超级电容器的 CV 曲线总会略微偏离矩形。因此，CV 曲线的形状可以反映所制备材料的电容性能。对于双电层电容器，CV 曲线越接近矩形，表明电容性能越理想。

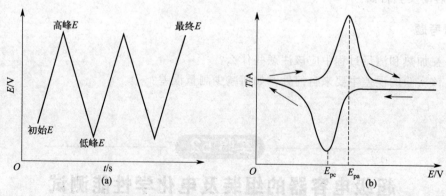

图 1　三角波电位扫描法（a）和可逆体系循环伏安响应（b）

比容量是衡量超级电容器电荷存储能力的重要指标，通常采用恒电流充放电测试材料的比容量。超级电容器的双电层比容量可以通过平板电容器模型进行理想等效处理，根据平板电容器模型，电容计算公式为：$C = \int \dfrac{\varepsilon}{4\pi d} \mathrm{d}S$

式中，C 为电容，F；ε 为介电常数，S 为电极板正对面积，即等效双电层有效面积，m^2；d 为电容器两极板之间的距离，即等效双电层厚度，m。利用公式 $dQ = Idt$ 和 $C = Q/\varphi$ 得：

$$I = \frac{dQ}{dt} = C\frac{d\varphi}{dt}$$

式中，I 为电流，A；dQ 是电量微分，C；dt 是时间微分，s；$d\varphi$ 为电位的微分，V。由上述公式可知，如果电容量 C 为恒定值，则 $\frac{d\varphi}{dt}$ 是一个常数，电位随时间是线性变化的关系，即理想电容器的恒流充放电曲线是一条直线，如图 2(a) 所示。这样可以利用充放电曲线来计算电极活性物质的比容量：$C_m = \frac{It}{m\Delta V}$

式中，t 为充放电时间，s；ΔV 为充放电电位窗口，在求实际比电容时，常采用 t_2 和 t_1 时的电位差值，即 $\Delta V = V_2 - V_1$；对于单电极比容量，m 为单电极活性物质的质量，若计算的是电容器的比容量，m 则为两个电极上活性物质质量的总和。在实际情况中，由于电容器存在一定的内阻，充放电转换的瞬间会发生电位的突变（ΔU），如图 2(b) 所示。利用这一突变可以计算电容器的等效串联电阻，等效串联电阻是影响电容器功率特性最直接的因素之一，也是评价电容器大电流充放电性能的一个直接指标。

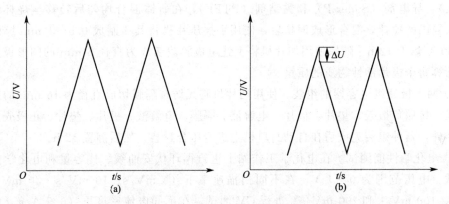

图 2　理想（a）和实际（b）的恒流充放电曲线

电化学交流阻抗是以不同幅值正弦波扰动信号作用于电极体系，根据电极体系的响应信号与扰动信号之间的关系得到电极阻抗，从而推测电极过程的等效电路，进而分析电极反应体系所包含的动力学过程，由等效电路中有关元件的参数值估算电极系统的动力学参数，如电荷转移过程中的反应电阻等。如图 3 所示，典型的电化学阻抗谱（nyquist 图）在高频区域呈现半圆，在低频区域呈现斜线。高频时实轴交点为内阻（R_s），包括电极材料的本征电阻、电解质的欧姆电阻、电极与集流体之间的界面电阻，半圆对应电荷转移电阻（R_{ct}）。

三、主要试剂与仪器

化学试剂：氢氧化钾（KOH），去离子水，超级电容器用活性炭，导电炭黑 Super-P，聚四氟乙烯（PTFE），异丙醇。

仪器设备：容量瓶，玻璃棒，烧杯，滴管，离心管，称量纸，电子天平，研钵，手摇压片装置，鼓风干燥箱，扣式电池切片机，扣式电池壳，垫片，无纺布隔膜，扣式电池自

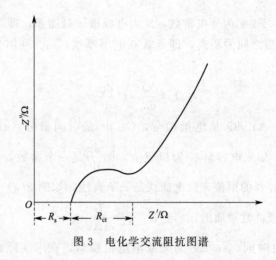

图 3　电化学交流阻抗图谱

动封口机，电化学工作站。

四、实验步骤

① 配制 6mol/L 的 KOH 电解液。

② 工作电极的制备。按照质量比 8∶1∶1 分别称取适量的活性物质（超级电容器用活性炭）、导电剂（Super-P）和黏结剂（PTFE），在研钵混合均匀后转移至烧杯中，逐步加入异丙醇搅拌，混合形成泥状后，使用手摇压片机将其压制成 0.5～1 mm 厚的薄膜并于 80 ℃烘干 12 h。随后使用切片机将上述电极膜裁切成为直径 5 mm 的圆形极片，称重，计算每个极片活性物质的质量。

③ 两电极超级电容器的组装。使用切片机将无纺布隔膜切成直径为 16 mm 的圆片作为隔膜。按照负极壳、垫片、极片、电解液、隔膜、电解液、极片、垫片、正极壳的顺序组装器件，器件组装完成后在自动封口机上进行压合封装，然后静置 12 h。

④ 电化学性能测试。在电化学工作站上进行循环伏安曲线、比容量和电化学交流阻抗测试。电压范围为 0～1 V，在不同扫描速率下（5 mV/s、10 mV/s、20 mV/s、50 mV/s、100 mV/s 和 200 mV/s）进行 CV 测试，在不同电流密度下（0.5 A/g、1 A/g、2 A/g、5 A/g、10 A/g 和 20 A/g）进行恒电流充放电测试，电化学阻抗谱（EIS）的频率范围为 $0.01～10^5$ Hz。

⑤ 数据处理。记录实验过程相关数据，绘制并分析 CV 曲线、恒电流充放电曲线和电化学阻抗谱图，并根据充放电曲线计算所制备超级电容器的比电容。

五、注意事项

1. 电极制备步骤必须严格按照操作规程进行。

2. 电容器组装过程中注意各组件的顺序。

六、思考题

1. 超级电容器与传统电容器有什么区别？

2. 超级电容器的工作原理与锂离子电池有什么区别？

3. 如何降低超级电容器的内阻？

聚合物的圆二色谱（CD）测定

一、实验目的

1. 了解圆二色谱的工作原理和应用。
2. 掌握运用圆二色谱测试聚合物结构的方法。

二、实验原理

聚合物的各种特性如光电性质等与其分子链的组成和构象密切相关，一些物质的分子没有任意次旋转反映轴，不能与镜像相互重叠，因此具有光学活性。电矢量相互垂直、振幅相等、位相相差四分之一波长的左、右圆偏振光重叠而成的是平面圆偏振光。当平面圆偏振光通过具有光学活性的分子时，如果该物质对左旋偏振光和右旋偏振光的吸收不同，那么称该物质具有圆二色性（circular dichroism，简称 CD）。类似的，如果一个物质对于不同方向的线偏振光的吸收不同，那么该物质具有线二色性。很多各向异性的晶体具有线二色性，而很多生物大分子和有机分子具有圆二色性。基于上述特点，圆二色性是研究聚合物分子立体结构和构象的一种有力手段。

圆二色性可以用摩尔系数差 $\Delta\varepsilon$ 来表示，$\Delta\varepsilon = \varepsilon(L) - \varepsilon(R)$，$\varepsilon(L)$ 和 $\varepsilon(R)$ 分别为样品对左旋和右旋偏振光的摩尔吸收系数。这种吸收差的存在造成了矢量的振幅差，因此圆偏振光通过样品后变成了椭圆偏振光。圆二色性可以用椭圆度 θ 或摩尔椭圆度 $[\theta]$ 来度量，$[\theta]$ 和 $\Delta\varepsilon$ 之间的关系式为：$[\theta] = 3300\Delta\varepsilon$。圆二色谱表示的 $[\theta]$ 或 $\Delta\varepsilon$ 与波长之间的关系，可以用圆二色谱仪来测定。一般仪器直接测定的是椭圆度 θ，可换算成：$[\theta] = 100\theta/cl$，$\Delta\varepsilon = \theta/(33cl)$。

式中，c 表示物质在溶液中的浓度，mol/L；l 为光程长度（样品池的长），cm。输入 c 和 l 的值，一般仪器能自动进行换算，给出所需要的关系。

圆二色谱对手性分子的构象十分敏感，是一种测定分子不对称结构的光谱法。光学活性物质对左旋和右旋圆偏振光的吸收率不同，圆二色谱不同。根据右旋 CD 值大于零，左旋 CD 值小于零，可以判断手性物质的旋光性。圆二色谱是应用最为广泛的测定蛋白质等大分子化合物二级结构的方法，是研究稀溶液中蛋白质构象的一种快速、简单、较准确的方法。根据圆二色谱法的原理和测试要求设计制成的仪器称为圆二色谱仪，可用于研究生物大分子的结构，测定有机化合物、金属配合物和聚合物等的立体结构。

圆二色谱仪需要将平面偏振光调制成左圆偏振光和右圆偏振光，并用很高的频率交替通过样品，因而设备复杂，完成这种调制的是电致或压力致晶体双折射的圆偏振光发生器。其工作原理如图 1 所示，一般采用氙灯作为光源，其辐射通过由两个棱镜组成的双单色器后，就成为两束振动方向相互垂直的偏振光，由单色器的出射狭缝排出一束直线偏振光后，直线偏振光由 CD 调制器制成交变的左圆偏振光和右圆偏振光，这两束偏振光通过样品产生的吸收差由光电倍增管接受并检测。测试时要通入氮气赶走管路中的水蒸气和光源产生的臭氧（臭氧会腐蚀反射镜）。

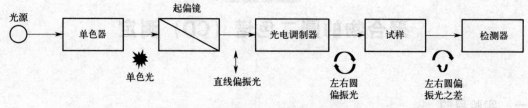

图 1　圆二色谱仪的工作原理示意图

三、主要试剂与仪器

化学试剂：D-丙氨酸，L-丙氨酸，蒸馏水。

仪器设备：圆二色谱仪（由光源、单色器、起偏器、圆偏振发生器、样品室和光电倍增管组成）。

四、实验步骤

① 准备待测样品。

② 开机。打开高纯氮气，通入光路。打开计算机，进入操作界面，设置相关参数，开启氙灯，等待 30 min，待仪器充分预热后，方可使用。

③ 测试。将光路径为 1 cm 的样品池放入样品室中，进入测试界面，输入测试参数：灵敏度 1000 mdeg，扫描范围 350～200 nm，扫速 50 nm/min，响应时间 2 s，响应波长宽度 1.0 nm，扫描次数 1 次。先测试蒸馏水背景，再分别测试配制的两份溶液。

④ 关机。打开样品室，取出样品池，退出操作界面，关闭氙灯。关闭氮气，关闭主机电源。关闭计算机，清洗样品池。

⑤ 数据处理。根据测量 D-丙氨酸和 L-丙氨酸得到数据，以 CD(θ) 为纵坐标，以波长为横坐标作图。分析 D-丙氨酸和 L-丙氨酸的圆二色谱有何区别。

五、思考题

1. 圆二色谱在手性物质分析中有哪些应用？
2. 如何利用圆二色谱对蛋白质进行定量分析？

实验 54

ZnS 纳米颗粒的光致发光性能测定

一、实验目的

1. 了解 ZnS 纳米颗粒的结构特点、光致发光原理和应用。

2. 掌握 ZnS 纳米颗粒光致发光性能的测定方法。

二、实验原理

ZnS 是一种重要的宽禁带半导体材料，其室温条件下的带隙能为 3.6～3.8eV，激子束缚能为 40meV，具有优异的光、电及催化性能。纳米结构可以显著改变材料的发光机理，因此 ZnS 纳米材料有望产生高效的紫外发光和激光。这些特点促使 ZnS 纳米材料在紫外发光二极管、激光器、平板显示器、传感器、红外窗口材料和光催化等许多领域有着广泛的用途。

光致发光谱（photoluminescence spectrum，简称 PL 谱）指在光的激发下，半导体材料中的电子从价带跃迁至导带并在价带留下空穴，电子和空穴在各自的导带和价带中通过弛豫达到各自未被占据的最低激发态（在本征半导体中即导带底和价带顶），成为准平衡态，准平衡态下的电子和空穴再通过复合发光，形成不同波长光的强度或能量分布的光谱图。光激发是指光照射到材料上，被材料吸收并将多余能量传递给材料，多余的能量可以通过发光的形式消耗掉，由于光激发而发光的过程叫光致发光。光致发光谱可用于探测材料的电子结构，是一种非接触和无损伤的测试方法。分析光致发光的光谱响应和数据，可以得到半导体材料中掺杂杂质的种类与含量、能隙大小和少子寿命分布，以及鉴别材料的损伤、裂痕以及缺陷分布等。

测量半导体材料的 PL 谱的基本方法是用激发光源产生能量大于被测材料的禁带宽度（E_g），且电流密度足够高的光子流去照射被测样品，同时用光探测器接收并识别被样品发射出来的光。光致发光过程包括荧光发光和磷光发光。荧光光谱分为激发光谱和发射光谱，两种光谱主要记录的都是荧光强度随波长的变化。荧光激发光谱是指让不同波长的激发光激发荧光物质使之产生荧光，让荧光以固定的发射波长照射到检测器上，然后以激发光波长为横坐标，以荧光强度为纵坐标所绘制的图，即为荧光激发光谱。荧光发射光谱是指使激发光的波长和强度保持不变，而让荧光物质所发出的荧光通过发射单色器照射于检测器上，然后进行扫描，以荧光波长为横坐标，以荧光强度为纵坐标作图，即为荧光发射光谱。荧光发射光谱的形状与激发光的波长无关。图 1 为典型的 ZnS 纳米带的 PL 光谱，室温下 325nm 激光激发。

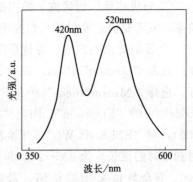

图 1 ZnS 纳米带的典型的 PL 光谱

三、主要试剂与仪器

化学试剂：ZnS 纳米颗粒。

仪器设备：PL 光致发光光谱测量系统（Hitachi F-4500），由光源系统、分光系统、样品检测系统、数据采集及处理系统、软件系统和计算机系统组成。

① 激发光源。高压汞蒸气灯或氙弧灯，其中氙弧灯能发射出强度较大的连续光谱，波长范围为 300～400nm，且强度几乎相等，故常用氙弧灯作激发光源。

② 激发单色器。位于光源和样品室之间，又叫单色器，用于筛选出特定的激发光谱。

③ 发射单色器。位于样品室和检测器之间，也叫第二单色器，常用光栅作为单色器，用于筛选出特定的发射光谱。

④ 样品室。通常情况下，液体样品用石英池，粉末或片状样品用固体样品架。测量液体时，让光源与检测器成直角，测量固体时，让光源与检测器成锐角。

⑤ 检测器。一般用光电管或光电倍增管作检测器，其作用是将光信号放大并转为电信号。

四、实验步骤

① 开机前的准备。实验室温度应保持在 $15\sim30$ ℃之间，湿度应保持在 45 ％～70 ％之间。

② 样品的制备。将石英玻璃片小心平铺在压片模具的凹槽（中间）中，然后将研磨好的待测样品均匀分散在玻璃片上，最后将旋钮盖在凹槽上，制作成装有样品的模具，此操作中注意旋紧旋钮时应小心谨慎，以免压坏玻璃片。

③ 固体支架的安装。将压片模具中样品暴露在外的一面对准光源孔放置在荧光固体支架上，注意要将荧光固体支架的光源孔对准光源方向。待固体支架安装好以后，准备对待测样品进行固体荧光的测试。

④ 打开主机电源，待灯源全部显示正常开启后，点击"FL solutions"快捷方式，打开仪器工作程序的窗口，等待仪器自检。仪器自检完毕后，开机工作完成，然后进行分析方法的编辑与样品测试。

⑤ 分析步骤。所谓波长的扫描，就是固定激发波长扫描荧光强度随发射波长的变化关系，或者是固定发射波长扫描荧光强度随激发波长的变化关系。

⑥ 发射光谱的扫描。等待程序窗口的页面都显示为开启状态，可进行荧光测试的操作。点击"Method"图标，在打开的"Analysis Method"框图中，点击"General"图标，选择"Measurement"中的"Wavelength scan"，点击"Instrument"，选择"Scan mode"中的"Emission"，固定"EX WL"（激发波长）为某一整数值 X（只能是 $200\sim900$），则"EM Start WL"（开始发射扫描时的波长）为 $X+20$，"EM End WL"（结束发射扫描时的波长）为 $2X-20$。并且将发射和激发的狭缝宽度都调整成 5.0，电压调整成 400，其余数值采用默认值。最后，点击"Report"，将"Report Date start"设置为 $320\sim580$。本实验采用波长为 325 nm 的激发光源。

⑦ 激发光谱的扫描。点击"Method"图标，在打开的"Analysis Method"框图中，点击 Instrument＞Scan mode＞Excitation，将"EMWL"设定为上一步操作中所扫描出的最大发射波长，"EX Start WL"设定为"EMWL"的一半，"EX End WL"设定得比"EMWL"小一些，狭缝宽度和电压保持之前步骤中操作所设定的默认值。最后，点击"Report"，将"Report Date start"设置为 $209\sim410$。点击确定，退出页面后点击"Measure"，开始进行扫描。

⑧ 关机。取出样品槽并清洗干净。退出所有程序，关闭电脑。关闭光谱仪主机开关，然后关闭电源开关。

⑨ 数据处理。使用 Origin 打开上述所保存的文件，画出发射光谱和激发光谱的光谱叠加图，初步分析实验数据。

五、注意事项

1. 测试新样品前，保证圆形样品槽内干净无其他杂质。
2. 严格按照仪器操作规程进行各项参数设置。
3. 测定激发光谱和发射光谱时所设置的扫描范围避开 λ_{ex} 和 λ_{em}。
4. 测试过程中严禁打开样品盖。

六、思考题

1. 荧光光谱和磷光光谱有什么区别？
2. 激发光谱和发射光谱有什么区别？

实验 55

聚合物热转变温度及稳定性测定

一、实验目的

1. 了解聚合物的热转变温度与结构之间的关系。
2. 掌握测定聚合物的热转变温度和温度稳定性的方法。

二、实验原理

聚合物的热稳定性是指材料在温度影响下的形变性能，温度变化时材料的形变越小，热稳定性越高。聚合物具有复杂的结构形态，其分子运动单元具有多重性，即使结构确定而所处状态不同，其分子运动方式也不同，因而表现出不同的物理和力学性能。聚合物的分子运动具有温度依赖性，当外力恒定时，在不同温度下，聚合物链段呈现完全不同的力学性质，进而表现出不同的热稳定性。聚合物的温度-形变曲线（热-机械曲线，简称 TMA）是研究聚合物的力学性质对温度依赖关系的重要方法之一。聚合物的许多结构因素如化学结构、分子量、结晶性、交联、增塑和老化等都会在 TMA 曲线上有明显反应。在 TMA 曲线的转变区域可以得到非晶态聚合物的玻璃化转变温度（T_g）和黏流温度（T_f）以及结晶聚合物的熔融温度（T_m），T_g 是塑料的使用温度上限和橡胶的使用温度下限，T_f 是成型加工温度的下限。这些热转变温度反映了聚合物的热稳定性，对确定使用温度范围和加工条件具有重要的实际意义。

线形无定形聚合物存在玻璃态、高弹态和黏流态三种力学状态。当温度足够低时，链段和高分子链的运动均被冻结，外力作用只能引起键长和键角的改变，因此聚合物的形变量很小，弹性模量大，表现为硬而脆的物理性质，即此时聚合物处于玻璃态。当温度逐渐升高，分子热运动的能量逐渐增加到一定值后，链段首先解冻开始运动，聚合物的弹性模量骤降，形变量增大，表现为柔软而富有弹性，除去外力发生可逆高弹形变，此时聚合物处于高弹态。当温度进一步升高，直至整个高分子链发生运动形成流动的黏液，受外力后发生塑性形变，形变量很大且不可逆，此时聚合物处于黏流态。因此，随着温度的升高，聚合物会从玻璃态转变为高弹态，再转变为黏流态。匀速升温过程中在被测聚合物样品上施加固定的静负荷，观察样品的形变与温度的函数关系，就能得到如图 1 所示的 TMA 曲线。

曲线 1 是线形非晶态高聚物的热机械曲线，以切线法作图求得从玻璃态转向高弹态的转变温度即 T_g，从高弹态向黏流态的转变温度即为 T_f。并不是所有非晶高聚物都一定具有三种力学状态，如聚丙烯腈的分解温度低于黏流温度而不存在黏流态。此外结晶、交联、添加增塑剂等都会使 T_g 和 T_f 发生变化。非晶态高聚物的分子量增加会导致分子链之间的相互滑移困难，松弛时间增长，高弹态平台变宽和 T_f 增高。结晶聚合物的结晶区域中

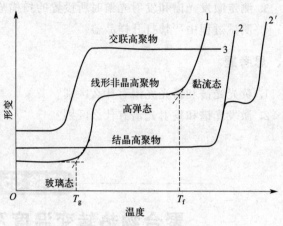

图 1 聚合物的温度-形变曲线

的高分子因受晶格的束缚，链段和分子链都不能运动。当结晶度足够高时，聚合物的弹性模量很大，在一定外力作用下，形变量很小，其温度-形变曲线在结晶熔融之前是斜率很小的直线。当温度升高到结晶熔融时，热运动克服了晶格能，分子链和链段都突然运动起来，聚合物直接进入黏流态，形变量急剧增大，曲线突然转折向上弯曲，如曲线 2 所示。对于一般分子量的结晶聚合物，由直线外推的 T_m 也是 T_f。如果分子量很大，温度达到 T_m 后结晶熔融，聚合物先进入高弹态，到更高的温度才发生黏性流动，如曲线 2′所示。交联聚合物因分子链间化学键的束缚，链间无法发生相对运动，因此不出现黏流态（如曲线 3 所示），其高弹形变量随交联度增加而逐渐减小。当在聚合物中加入增塑剂后，聚合物分子间的作用力减小，分子间运动空间增大，这样使得整个分子链更容易运动，试样的 T_g 和 T_f 都下降。

聚合物的温度-形变曲线的形状取决于聚合物的分子量、化学结构和聚集态结构、添加剂、受热史、形变史、升温速率和受力大小等诸多因素。比如升温速率快，T_g 和 T_f 也会高些，应力大，T_f 会降低，高弹态会不明显。因此实验时要根据所研究的对象要求，选择测定条件，相互比较时，一定要在相同条件下测定。

三、主要试剂与仪器

化学试剂：聚甲基丙烯酸甲酯（PMMA）试样。

仪器设备：GTS-KN 型热形变性能测试仪。

四、实验步骤

① 切割尺寸约为 5 mm×5 mm×4 mm 的 PMMA 板的一小块为试样，确保表面平整，放入样品台。

② 打开加热炉，压杆触头压在样品的中央，并检查压杆是否能够上下自由位移。保

持位移记录笔、压杆和样品在同一水平直线。

③ 正确连接好全部测量线路，经检查无误后，接通热形变仪和电脑电源，调节热形变性能测量仪右上角"位移调零"旋钮，使位移显示为零。

④ 打开电脑桌面"GTS软件"，输入用户名和密码进入软件界面。点击左上角"开始实验"。设置实验参数：根据升温速率 $3\sim5$ ℃/min 的要求，选择合适的升温速率，输入当前室温，压缩应力为 200 Pa。同时点击电脑软件"开始实验"键和测量仪"升温"开关，开始等速升温。

⑤ 显示屏上出现动态"时间-形变曲线和等速升温线"图谱，待温度升到合适值后，点击"结束实验"，实验数据被自动保存，显示屏上显示完整的实验生成的"时间-形变曲线和等速升温线"图谱。关闭"升温"，点击"降温"。

⑥ 在"视图"框中，点击"温度-形变曲线"，进行数据处理，根据所测得的温度-形变曲线求出 PMMA 的 T_g 和 T_f。数据处理过程如下：

a. 点击"直线"，并把鼠标拖到图像中，依次画出两条切线。

b. 点击"交点"，出现上述两条切线的交点。

c. 点击"标注"，并把鼠标拖到图像中，点击一下，出现"设置标注标签的属性"对话框，可对相关参数进行填写或修改，点击"确定"。

d. 点击"选择"，并把鼠标拖到图像中，选择所画的直线，再点击"属性"，出现"设置直线的属性"对话框，可以对相关参数进行修改，修改完毕，点击"确定"。

e. 在"工具栏"中，选择"取消选择""撤消""恢复""删除"等功能框，可以进行相应的修正。

⑦ 点击"更新保存"，可以对所做的分析进行自动保存。

⑧ 点击"打印预览"，可以对被打印的内容进行预览，保存 PDF 格式。

⑨ 实验结束，取下样品，打扫试样台，切断全部电源。

五、思考题

1. 哪些实验条件会影响 T_g 和 T_f 的数值？会产生何种影响？

2. 线形无定形聚合物的三种力学状态是什么？

3. 研究聚合物的温度-形变曲线有什么理论与实际意义？

4. 线形非晶高聚物的温度-形变曲线与分子运动有什么内在联系？

实验 56

压电陶瓷的介电性能测定

一、实验目的

1. 了解压电陶瓷的基本概念和性质。

2. 了解电介质介电常数的概念和物理意义。

3. 掌握介电常数的测量原理和方法。

二、实验原理

压电陶瓷是一类具有压电效应的陶瓷材料，即能进行机械能与电能相互转变的陶瓷。压电效应的本质是材料在机械作用（应力和应变）下，引起晶体介质内部正、负电荷中心相对位移而产生极化，从而导致材料两端表面出现符号相反的束缚电荷。因此并非所有的陶瓷都具有压电效应，只有在晶体结构上不具有对称中心的材料才具有压电性。压电陶瓷主要的晶相结构包括钙钛矿型、钨青铜型、焦绿石型和铋层状结构等。目前应用最广泛的压电陶瓷材料可以分为一元系压电陶瓷（$BaTiO_3$ 和 $PbTiO_3$ 压电陶瓷）、二元系压电陶瓷［$Pb(Zr，Ti)O_3$ 压电陶瓷］和三元系压电陶瓷［$PZT-Pb(B_1B_2)O_3$ 压电陶瓷］。

压电陶瓷除具有压电性外，还具有介电性和弹性等，已被广泛应用于医学成像、声传感器、声换能器和超声马达等。根据电介质理论，各种电介质在电场作用下均会发生极化过程，其宏观表现可以用介电常数（ε）来表征。因此介电常数能反映材料的介电性质或极化性质。材料的介电常数取决于材料结构和极化机理。不同类型的电介质材料，由于发生极化的微观机制不同，不仅 ε 数值有明显变化，而且与频率的关系也有很大不同。不同用途的压电陶瓷元器件对介电常数的要求不同，如压电陶瓷扬声器等音频元件要求陶瓷的介电常数要大，而高频压电陶瓷元器件则要求材料的介电常数要小。介电常数的值等于以该材料为介质所做的电容器的电容量与以真空为介质所做的同样形状的电容器的电容量之比值（常称作相对介电常数）。介电常数 ε 与压电元件的电容 C、电极面积 A 和电极间距离 t 之间的关系为：$\varepsilon = Ct/A$。在本实验中，对于圆片试样的介电常数 ε 的计算可以按照如下公式进行：$\varepsilon = 144Ch/D^2$

式中，C 为试样测得的电容量，pF；h 为试样的厚度，mm；D 为试样的直径，mm。

本实验测量压电陶瓷介电常数是基于电压电流法和复数欧姆定律：

$$Z = E/I$$

式中，E 是被测件两端的电压；I 是通过被测件两端的电流。当 E 与 I 可测出或其比值可测出时，即可得出 Z。为测量 I，引入一个标准电阻 R，并利用反相比例放大器的特点，在测试过程中，首先通过相对统一的参考相位测得各矢量电压分量。在电路中，相敏检波器将矢量电压进行分解，得到各分量，然后借助 A/D 变换技术，将各分量转成数字量（a、b、c、d），存储在 RAM 中，最后由微处理器计算出各基本参量，由显示器显示出来。

三、主要试剂与仪器

化学试剂：$BaTiO_3$ 压电陶瓷晶片。

仪器设备：YY2814 自动 LCR 测试仪。

四、实验步骤

① 详细阅读 YY2814 自动 LCR 测试仪说明书。

② 接通电源。

③ 选定测试频率，接通电源后，仪器自动进 1 kHz 测试频率，测试时可在任何时刻

选择三个频率中的任意一个：100 Hz、1 kHz、10 kHz。

④ 按要求选择适当的夹具，将待测材料接入测试夹具中。

⑤ 选择测量对象键（R、L/Q、C/D）和测量方式（单次/连续测量、分选功能）。

⑥ 测电容/损耗（C/D 测量，C 表示电容量，D 表示损耗角正切）。测电容器，使其引线嵌入夹具的弹簧片中，由主显示器读出电容值，连同 LED 所指示的单位（pF、nF 等），从副显示器读出 C 值。取下电容器换上另一个，要求分别测试 5～10 只。

⑦ 数据记录到表 1 中，计算介电常数，分析计算结果（包括影响因素）。

表 1　实验数据记录

试件编号	试件描述（尺寸等）	测得电容（1 kHz）/pF	介电常数
1			
2			
3			

五、注意事项

1. 压电陶瓷晶片易碎，测试时要小心。
2. 改变测试频率后，应该重新进行清零。

六、思考题

1. 影响介电常数的因素有哪些？
2. 测试过程中应注意哪些事项？

实验 57

无机非金属材料的物相分析

一、实验目的

1. 了解无机非金属材料的基本物相。
2. 熟悉 X 射线衍射仪的基本结构和工作原理。
3. 掌握利用 X 射线衍射谱图进行物相分析的方法。

二、实验原理

　　无机非金属材料是指以某些元素的氧化物、碳化物、氮化物、卤素化合物、硼化物以及硅酸盐、铝酸盐、磷酸盐和硼酸盐等物质组成的材料，是除有机高分子和金属材料以外的所有材料的统称。无机非金属材料的性能不是简单地由其元素或离子团的成分所决定，而是由这些成分所组成的物相、各物相的相对含量、晶体结构、结构缺陷及分布情况等因素所决定。因此，为了研究材料的相组成、相结构和相变对性能的影响，进而确定最佳的配方与生产工艺，必须对材料进行物相分析。

每一种结晶物质都有自己独特的化学组成和晶体结构，没有任何两种结晶物质的晶胞大小、质点的种类和排列方式是完全一致的。当一束单色 X 射线入射到晶体时，由于晶体是由原子规则排列成的晶胞组成，这些规则排列的原子间距离与入射 X 射线波长有相同数量级，故由不同原子散射的 X 射线相互干涉，在某些特殊方向上产生强 X 射线衍射，衍射线在空间分布的方位和强度与晶体结构密切相关。衍射线空间方位与晶体结构的关系可用布拉格方程表示：$2d\sin\theta = n\lambda$，即对于某一晶面间距为 d 的晶面，当入射光波长为 λ 的 X 射线照射时，总存在一个衍射角 θ 与之对应，并满足布拉格方程，从而产生 X 射线衍射线。X 射线在晶体中产生的衍射现象是晶体中各个原子中电子对 X 射线产生相干散射和相互干涉叠加或抵消而得到的结果。因此，当 X 射线通过晶体时，每一种结晶物质都有自己独特的衍射花样，它们的特征可以用各个衍射面的间距 d 和衍射线的强度 I 来表示。任何一种结晶物质的衍射数据 d 和 I 是其晶体结构的必然反映。晶体的 X 射线衍射图像实际上是晶体微观结构的一种精细复杂的变换，每种晶体的结构与其 X 射线衍射图之间都有着一一对应的关系，其特征 X 射线衍射图谱不会因为其他物质混聚在一起而产生变化，这就是 X 射线衍射物相分析方法的依据。根据衍射特征来鉴定晶体物相的方法称为物相分析法。利用 X 射线进行定性物相分析的一般步骤为：首先用某一种实验方法获得待测试样的衍射花样，然后计算并列出衍射花样中各衍射线的 d 值和响应的相对强度 I 值，再参考对比已知的资料鉴定出试样的物相。

X 射线衍射仪主要由 X 射线发生器、测角仪、辐射探测器、测量电路和控制软件的电子计算机系统等部分组成。根据布拉格方程，当入射波长一定时，只有在某些特殊入射角度下，才能得到衍射图像，因此测角仪是核心部件。测试过程中，由发生器发射出来的 X 射线照射到待测试样上产生衍射效应，满足布拉格方程和不消光条件的衍射光用辐射探测器，经测量电路放大处理后，在记录装置上给出精确的衍射峰位置、强度和线形等衍射信息。测量过程中，试样绕测角仪中心轴转动，不断改变入射线与试样表面的夹角，与此同时，探测器沿测角仪转动，接收各衍射角所对应的衍射强度。

三、主要试剂与仪器

化学试剂：NaCl 和 Al_2O_3 晶体。

仪器设备：玛瑙研钵，德国布鲁克 D8 ADVANCE 型 X 射线衍射仪。

四、实验步骤

① 粉末样品制备。将被测样品在研钵中研磨至 200～300 目。将中间有浅槽的样品板擦干净，粉末样品放入浅槽中，用另一个样品板压一下，使待测粉末表面平整且与样品板相平。

② 将制备好的试样水平放置在衍射仪中，在衍射仪工作过程中，会有大量的射线放出，对人体造成损害，所以一定要关上衍射仪的玻璃门。

③ 打开循环水冷却系统，控制水温在 20～24 ℃范围内。打开 X 射线衍射仪电源开关和衍射仪稳压电源开关。

④ 打开计算机，打开 X 射线衍射仪应用软件，设置实验参数：扫描角度范围为 20°～80°，扫描速率为 8°/min，电压为 40 kV，电流为 250 mA。

⑤ 点击"Start"按钮，待 X 射线高压管开启后，设备开始工作，并在软件界面上实时显示得到的衍射峰。

⑥ 点击"Stop"按钮，测试结束，保存数据。关闭应用软件，待电流降低至 5 mA，电压降低至 20 kV 后，关闭 X 射线高压管，继续等待 X 射线管完全冷却后，取下样品台，关闭循环冷凝水、稳压电源和 X 射线衍射仪电源开关。

⑦ 数据处理。采用 Origin 作图分别得到 NaCl 和 Al_2O_3 的衍射图，并计算出相应的晶面间距 d，并与数据库中的标准衍射数据进行对比，鉴定样品的物相。

五、注意事项

1. 样品颗粒的大小对衍射峰的强度有很大的影响。任何一种粉末衍射技术都要求样品是十分细小的粉末颗粒，使试样在受光照的体积中有足够多数目的晶粒。

2. 一定要等待 X 射线高压管关闭后再打开衍射仪的玻璃门，防止受到辐射损伤。

六、思考题

1. X 射线衍射分析鉴定物相的依据是什么？

2. 多相样品的物相分析存在哪些困难？

实验 58

凝胶渗透色谱测定聚合物分子量及其分布

一、实验目的

1. 了解凝胶渗透色谱法（GPC）的基本原理。

2. 根据实验数据计算数均分子量、重均分子量、多分散系数并绘制分子量分布曲线。

二、实验原理

聚合物的分子量及分子量分布是聚合物性能的重要参数之一，它对聚合物的物理机械性能影响很大，此外，聚合物的分子量分布是由聚合过程和解聚过程的机理决定的，因此无论是为了研究聚合、解聚机理及其动力学，或者是为了更好控制聚合及成型加工的工艺，都需要测定聚合物的分子量及分子量分布。因此进行聚合物分子量分布的测定具有重要的意义。

凝胶渗透色谱法（gel permeation chromatography，GPC）是利用高分子溶液通过填充有特种凝胶的柱子把聚合物分子按尺寸大小进行分离的方法。GPC 是液相色谱，能用于测定聚合物的分子量及分子量分布，也能用于测定聚合物内小分子物质、聚合物支化度及共聚物组成等，还可以作为聚合物的分离和分级手段。通过 GPC 法可实现对分子量及其分布的快速自动测定。因此 GPC 至今已成为聚合物材料中必不可少的分析手段。

1. 分离机理

GPC 是液相色谱的一个分支，其分离部件是一个以多孔性凝胶作为载体的色谱柱，凝胶的表面与内部含有大量彼此贯穿、大小不等的孔洞。色谱柱总面积 V_t 由载体骨架体积 V_g、载体内部孔洞体积 V_i 和载体粒间体积 V_0 组成。GPC 的分离机理通常用空间排斥效应解释。待测聚合物试样以一定速度流经充满溶剂的色谱柱，溶质分子向填料孔洞渗透，渗透概率与分子尺寸有关，分为以下三种情况：①高分子尺寸大于填料所有孔洞孔径，高分子只能存在于凝胶颗粒之间的空隙中，淋洗体积 $V_e = V_0$ 为定值；②高分子尺寸小于填料所有孔洞孔径，高分子可在所有凝胶孔洞之间填充，淋洗体积 $V_e = V_0 + V_i$ 为定值；③高分子尺寸介于前两种之间，较大分子渗入孔洞的概率比较小分子渗入的概率要小，在柱内流经的路程要短，因而在柱中停留的时间也短，从而达到了分离的目的。当聚合物溶液流经色谱柱时，较大的分子被排除在粒子的小孔之外，只能从粒子间的间隙通过，速率较快，而较小的分子可以进入粒子中的小孔，通过的速率要慢得多。经过一定长度的色谱柱，分子根据分子量被分开，分子量大的在前面（即淋洗时间短），分子量小的在后面（即淋洗时间长）。自试样进柱到被淋洗出来，所接受的淋出液总体积称为该试样的淋出体积。当仪器和实验条件确定后，溶质的淋出体积与其分子量有关，分子量越大，其淋出体积越小。分子的淋出体积为：

$$V_e = V_0 + KV_i \tag{1}$$

式中，K 为分配系数，$0 \leqslant K \leqslant 1$，分子量越大越趋于 1。

对于上述第①种情况 $K=0$，第②种情况 $K=1$，第③种情况 $0<K<1$。综上所述，对于分子尺寸与凝胶孔洞直径相匹配的溶质分子来说，都可以在 V_0 至 $V_0 + V_i$ 淋洗体积之间按照分子量由大到小依次被淋洗出来。

2. 检测机理

除了将分子量不同的分子分离开来，还需要测定其含量和分子量。实验中用示差折光仪测定淋出液的折射率与纯溶剂的折射率之差 Δn，而在稀溶液范围内，Δn 与淋出组分的相对浓度 Δc 成正比，则以 Δn 对淋出体积（或时间）作图可表征不同分子的浓度。图 1 为折射率之差 Δn（浓度响应）对淋出体积作图得到的 GPC 示意谱图。

3. 校正曲线

用已知分子量的单分散标准聚合物预先做一条淋洗体积或淋洗时间和分子量对应的关系曲线，该线称为校正曲线。聚合物中几乎找不到单分散的标准样，一般用窄分布的试样代替。在相同的测试条件下，做一系列的 GPC 标准谱图，对应不同分子量样品的保留时间，以 $\lg M$ 对 t 作图，所得曲线即为校正曲线。用一组已知分子量的单分散性聚合物标准试样，以它们的峰值位置的 V_e 对 $\lg M$ 作图，可得 GPC 校正曲线（如图 2）。

由图 2 可见，当 $\lg M > a$ 与 $\lg M < b$ 时，曲线与纵轴平行，说明此时的淋洗体积与试样分子量无关。$(V_0 + V_i) \sim V_0$ 是凝胶选择性渗透分离的有效范围，即为标定曲线的直线部分，一般在这部分分子量与淋洗体积的关系可用简单的线性方程表示：

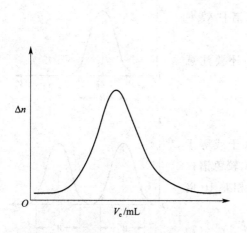

图1 折射率之差 Δn 对淋出体
积作图得到的 GPC 示意谱图

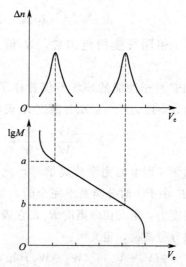

图2 GPC 校正曲线示意图

$$\lg M = A + BV_e \tag{2}$$

式中，A、B 为常数，与聚合物、溶剂、温度、填料及仪器有关，其数值可由校正曲线得到。

对于不同类型的高分子，在分子量相同时其分子尺寸并不一定相同。用 PS 作为标准样品得到的校正曲线不能直接应用于其他类型的聚合物。而许多聚合物不易获得再分布的标准样品进行标定，因此希望能借助某一聚合物的标准样品在某种条件下测得的标准曲线，通过转换关系在相同条件下用于其他类型的聚合物试样。这种校正曲线称为普适校正曲线。根据 Flory 流体力学体积理论，对于柔性链，如两种高分子具有相同的流体力学体积，则有下式成立：

$$[\eta]_1 M_1 = [\eta]_2 M_2 \tag{3}$$

再将 Mark-Houwink 方程 $[\eta] = KM^\alpha$ 代入上式可得：

$$\lg M_2 = \frac{1}{1+\alpha_2} \lg \frac{K_1}{K_2} + \frac{1+\alpha_1}{1+\alpha_2} \lg M_1 \tag{4}$$

由此，如已知在测定条件下两种聚合物的 K、α 值，就可以根据标样的淋出体积与分子量的关系换算出试样的淋出体积与分子量的关系，只要知道某一淋出体积的标样的分子量 M_1，就可算出同一淋出体积下其他聚合物的分子量 M_2。

4. 柱效率和分离度

与其他色谱分析方法相同，实际的分离过程并非理想，同分子量试样在 GPC 的图谱有一定分布，即使对于分子量完全均一的试样，其在 GPC 的图谱上也有一个分布。色谱柱的效率和分离度能全面反映色谱柱性能的好坏。色谱柱的效率用理论塔板数 N 描述。测定 N 的方法是用一种分子量均一的纯物质，如邻二氯苯、苯甲醇、乙腈和苯等作 GPC 测定，得到色谱峰如图3所示。

从图中得到峰顶位置淋出体积 V_R、峰底宽 W，按照下式计算 N：

$$N = 16\left(\frac{V_R}{W}\right)^2 \qquad (5)$$

对于相同长度的色谱柱，N 值越大，色谱柱效率越高。

GPC 柱子性能的好坏不仅看柱子的效率，还要注意柱子的分辨能力，一般用分离度 R 表示：

$$R = \frac{2(V_2 - V_1)}{W_1 + W_2} \qquad (6)$$

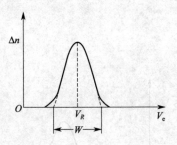

如图 3 所示的完全分离情形，此时 R 应大于或等于 1，当 R 小于 1 时分离是不完全的。为了相对比较色谱柱的分离能力，定义比分离度 R_s，它表示分子量相差 10 倍时的组分分离度，定义为：

$$R_s = 2(V_2 - V_1)/[(W_1 + W_2)(\lg M_{w_1} - \lg M_{w_2})] \qquad (7)$$

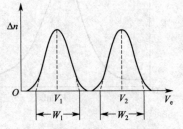

图 3　柱效率和分离度示意图

5. 仪器简介

美国 Waters 公司生产的 1515 型凝胶渗透色谱仪，其主要由五大部分组成。

① 泵系统。它包括一个溶剂储存器，一套脱气装置和一个柱塞泵。泵的主要作用是使溶剂以恒定的流速流入色谱柱。泵的稳定性越好，色谱仪的测定结果就越准确。一般要求测试时，泵的流量误差（RSD）应低于 0.1 mL/min。

② 进样系统——注射器。

③ 分离系统——色谱柱。色谱柱是 GPC 仪的核心部件，被测样品的分离效果主要取决于色谱柱的匹配及其分离效果。每根色谱柱都具有一定的分子量分离范围和渗透极限，有其使用的上限和下限。当聚合物中的最小尺寸的分子比色谱柱的最大凝胶颗粒的尺寸还要大或其最大尺寸的分子比凝胶孔的最小孔径还要小时，色谱柱就失去了分离的作用。因此，在使用 GPC 法测定分子量时，必须选择与聚合物分子量范围相匹配的柱子。

色谱柱有多种类型，根据凝胶填料的种类可分为以下几类。

有色相：交联 PS、交联聚乙酸乙烯酯、交联硅胶。

水相：交联葡聚糖、交联聚丙烯酰胺。

对填料的基本要求是填料不能与溶剂发生反应或被溶剂溶解。

④ 检测系统。用于 GPC 的检测器有多波长、紫外、示差折光、示差＋紫外、质谱（MS）、傅里叶变换红外（FTIR）等多种，该 GPC 仪配备的是示差折光检测器。

示差折光检测器是一种浓度检测仪，它是根据浓度不同折射率不同的原理制成的，通过不断检测样品流路和参比流路中的折射率的差值来检测样品的浓度。

不同的物质具有不同的折射率，聚合物溶液的折射率为：

$$n = c_1 n_1 + c_2 n_2 \qquad (8)$$

式中，c_1，c_2 分别为溶剂和溶质的物质的量浓度，$c_1 + c_2 = 1$；n_1，n_2 分别为溶剂和溶质的折射率。折射率差：

$$\Delta n = n - n_1 = c_2(n_2 - n_1) \qquad (9)$$

Δn 与 c_2 成正比，所以 Δn 可以反映出溶质的浓度。

⑤ 数据采集与处理系统。另外，进行 GPC 测试时必须选择合适的溶剂[一般为四氢呋喃(THF)]，所选的溶剂必须能使聚合物试样完全溶解，使聚合物链打开成最放松的状态，能浸润凝胶柱子，而与色谱柱不发生任何其他相互作用。而且在注入色谱柱前，必须经微孔过滤器过滤。

三、主要试剂与仪器

化学试剂：四氢呋喃（重蒸后用 0.45 nm 孔径的微孔滤膜过滤）。

仪器设备：分析天平，Waters 1515 GPC 凝胶色谱仪。

四、实验步骤

① 调试运行仪器。选择匹配的色谱柱，在实验条件下测定校正曲线（一般是 40 ℃）。这一步一般由任课老师事先准备。

② 配制试样溶液。使用纯化后的分析纯溶剂配制试样溶液，浓度 3‰。使用分析纯溶剂，需经过分子筛过滤，配制好的溶液需静置一天。

③ 用注射器吸取四氢呋喃，进行冲洗，重复几次。然后吸取 5 mL 试样溶液，排除注射器内的空气，将针尖擦干。将六通阀扳到"准备"位置，将注射器插入进样口，调整软件及仪器到准备进样状态，将试样液缓缓注入，而后迅速将六通阀扳到"进样"位置。将注射器拔出，并用四氢呋喃清洗。

抽取试样时注意赶走内部的空气，试样注入至调节六通阀到"INJECT"的过程中注射器严禁抽取或拔出。在注入试样时，进样速度不宜过快。速度过快，可能导致定量环内靠近壁面的液体难以被赶出，而影响进样的量，稍慢可以使定量环内部的液体被完全平推出去。

④ 获取数据。

⑤ 实验完成后，用纯化后的分析纯溶剂流过清洗色谱柱。

五、实验结果和处理

实验参数：

色谱柱：_____；

内部温度：_____；外加热器温度：_____；流量：_____；

进样体积：_____ mL。

GPC 仪都配有数据处理系统，同时给出 GPC 谱图（如图 4）和各种平均分子量和多分散系数。

切片面积对淋出体积作图得到样品淋出体积与浓度的关系，以切片分子量对淋出体积作图得到淋出体积与分子量的关系。记 i 为切片数，A_i 为切片面积，则第 i 级分的质量分数 W_i 为：$W_i = \dfrac{A_i}{\sum A_i}$

第 i 级分的质量累计分数 I_i 为：$I_i = \dfrac{1}{2} W_i + \sum_{j=i+1}^{n} W_j$

数均分子量 $\bar{M}_n$ 为：$\bar{M}_n = \dfrac{1}{\sum\limits_{i} \dfrac{W_i}{M_i}}$

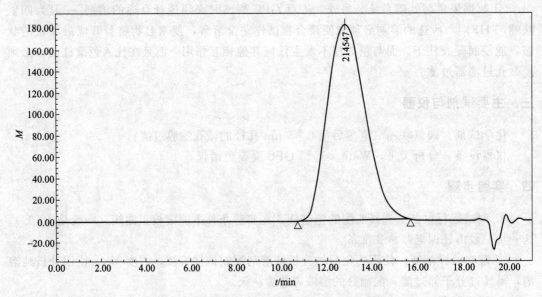

图4　GPC仪器给出的宽分布未知样相对色谱图

重均分子量 $\bar{M}_W$ 为：$\bar{M}_W = \sum_i W_i M_i$

分散度 d 为：$d = \dfrac{\bar{M}_W}{\bar{M}_n}$

以 I_i 对 M_i 作图，得到积分分子量分布曲线；以 W_i 对 M_i 作图，得到微分分子量分布曲线。

六、思考题

1.GPC方法测定分子量为什么属于间接法？总结一下测定分子量的方法，哪些是绝对方法？哪些是间接方法？其优缺点如何？

2.列出实验测定时某些可能的误差，对分子量的影响如何？

3.对某种聚合物，在得不到其M-H方程的 K 和 α 值，且通过分级得到一系列窄分布样品并已测得其相对应的 $[\eta]$ 的条件下，可否通过GPC方法求得该聚合物的分子量及 K 和 α 值？如果可以，应该如何进行？

—— 实验 59 ——

不同铸铁的显微组织分析

一、实验目的

1. 了解金相显微镜的基本结构和原理。

2. 掌握金相显微镜的操作方法。

3. 观察不同铸铁的显微组织结构。

4. 分析各种铸铁成分、组织和性能之间的关系。

二、实验原理

金相显微镜是进行金属材料金相分析的必要工具。借助金相显微镜，我们可以对各种金属材料的显微组织结构进行分析，从而可以揭示金属组织结构与成分和性能之间的关系，也可以用于确定各种不同的加工方法以及热处理工艺对金属材料的显微组织结构的影响。常见的金相显微镜，按外形可以分为台式、立式和卧式三大类。台式金相显微镜体积小、质量轻、携带方便。立式金相显微镜是按倒立式光程设计，并带有垂直方向的投影摄影箱。卧式金相显微镜同样是按倒立式光程设计，但其投影摄影箱在水平方向。

金相显微镜一般由光学系统、照明系统和机械系统三部分组成，有些还额外配有如照相装置和暗场照明系统等附件。金相显微镜的照明系统以底座内安装的低压灯泡作为光源，包括聚光镜、孔径光阑、视场光阑以及反光镜等。其中孔径光阑主要是用来控制入射光光束的大小，以获得清晰的物像。视场光阑位于物镜支架下面，用于控制视场范围，来保证目镜视场中明亮，而且无阴影的存在。金相显微镜的机械系统主要包括显微镜的镜体、调焦装置和载物台。调焦装置分为粗动调焦手轮和微动调焦手轮，两者设于同一位置，通过调节粗动调焦手轮可以控制支撑载物台的弯臂进行上下运动，通过调节微动调焦手轮，可以使显微镜本体沿着滑轨缓慢地移动。载物台也称为样品台，用于放置金相样品，通过调节载物台可以使我们观察试样的不同位置。对于金相显微镜，其最重要的部分是光学系统，借助光学系统可以实现对所观察样品的放大，其成像原理如图1所示。

金相显微镜的光学系统由物镜、目镜以及一些辅助光学零件共同构成。物镜为靠近观察样品一侧的镜片，目镜是靠近人眼处的镜片。样品置于物镜1倍焦距到2倍焦距之间，经透镜折射之后，在物镜的另一侧形成一个放大的倒立的实像。一般情况下，将观察的物体置于物镜焦距附近，可以通过焦距来计算物体的放大倍数。在目镜处，当物体处于该透镜的1倍焦距以内时，将在距透镜

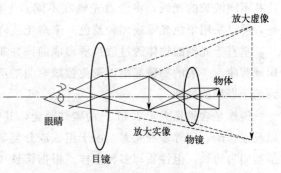

图1 金相显微镜成像原理

250 mm处观察到一个正立的放大的虚像，这里的250 mm即是人眼的明视距离。总体上来讲，金相显微镜的光路即物体经物镜放大后，在目镜的1倍焦距内形成一个倒立的实像，通过目镜可以观察到一个经过二次放大的倒立的虚像。金相显微镜总的放大倍数，由目镜的放大倍数和物镜的放大倍数共同决定，具体如式(1)所示。

$$M_{总} = M_{物镜} M_{目镜} \tag{1}$$

对于光学显微镜而言，由于衍射的存在，试样上某一点通过物镜所成的像并非是一个点，而是一个具有一定尺寸的圆斑，其周围环绕着一系列的衍射环。为了衡量分辨试样上两点间最小距离的能力，人们定义了分辨率这一概念，即能够分辨的两点之间的距离。分

辨率越高，这两点之间的距离越小。但当两个点十分接近时，其距离小于分辨率，就无法判断这究竟是一个点还是两个点。对于金相显微镜，其分辨率 d 是由光线的波长和物镜的孔径光阑共同决定的，与目镜无关，具体如式（2）所示。

$$d = \frac{\lambda}{2NA} \tag{2}$$

式中，λ 为入射光的波长；NA 为孔径光阑的数值。可以看到，增大孔径光阑的数值可以提高金相显微镜的分辨率，但该数值不能过大，否则将对视场的清晰度和衬度造成影响。

除了分辨率还有其他因素影响成像质量，单片透镜在成像的过程中，受物理条件的限制，成像往往会变得模糊或是发生畸变，这种缺陷被称为像差。像差一般可以分为两大类，一类是单色光成像时所产生的像差，具体包括球像差、彗形像差、像散和像域弯曲；另一类是同种介质对波长不同的光波的折射率各不相同，而导致的多色光在成像时所产生的色像差。对于显微镜而言，影响较大的是的球像差、色像差和像域弯曲。

球像差的产生是由于透镜几何结构的限制，通过光轴附近的光线折射角度较小，而在边缘处的光线折射角度较大。因此，即使是同一点所发射出来的单色光线，也并不能够准确地汇聚在同一点，从而沿光轴形成了一系列的像，这必然导致图像模糊不清。在金相显微镜中，可以通过孔径光阑来减小球像差的影响，降低孔径光阑的数值，可以使通过边缘的光线减少，从而抑制球像差的产生，但孔径光阑不能过小，过小的孔径光阑会使图像的分辨率过低，同样不利于观察。

由于白光是由多种不同波长的单色光组成的，因此，当白光通过透镜时，波长越短的光，其折射率越大，焦点离透镜越近；而波长较长的光，折射率较小，焦点离透镜较远。这些不同波长的光线，将沿着光轴在不同点上成像，导致图像模糊，这就是所谓的色像差，可以采用单色光源或加装滤色片来避免或降低色像差的影响。

垂直于光轴的物体透过透镜所形成的像并非是一个平面而是一个弯曲像面，这被称为像域弯曲。一般的物镜都难以避免像域弯曲的产生，只有通过极为精准的校正，才能够得到趋于平坦的像域。

铸铁是含碳量大于 2.11 %的碳铁合金，其中除了含有铁和碳两种成分外，还含有硅，以及锰、磷、硫等多种元素。由于组成成分复杂，铸铁的显微结构也大不相同，这导致了虽然同为铸铁，但性质却多种多样。根据铸铁中碳的存在形式，一般可分为：灰口铸铁、球墨铸铁、可锻铸铁以及蠕墨铸铁等。接下来，将详细介绍各类铸铁的组成、性质、显微结构以及它们之间的关系。

1. 灰口铸铁

灰口铸铁中的碳大部分或全部以自由碳的形式存在。因此，灰口铸铁可以看成由铁基体和分散在其中的大量片状石墨共同构成，其碳含量一般为 2.4 %～4.0 %。由于大量石墨的存在，对其力学性能造成一定影响。片状石墨对铁基体起到了割裂的作用，这使得灰口铸铁的抗拉强度、塑性和韧性都较差，因此，一般将其划分为脆性材料。灰口铸铁断口呈现灰黑色，其组织结构特征是在铁基体上分布着片状石墨。根据石墨化的程度和铁基体组织的不同，可以将灰口铸铁分为以下三类：铁素体基灰口铸铁、珠光体＋铁素体基灰口铸铁以及珠光体基灰口铸铁。铁素体基灰口铸铁中石墨片较为粗大，因此，其强度和硬度最低，应用较少。珠光体基灰口铸铁的石墨片较为细小，因而具有较高的强度和硬度，主要用来制造比较重要的铸件。珠光体＋铁素体基灰口铸铁中石墨片与珠光体基灰口铸铁相比稍有粗大，因此性能上也逊于珠光体基灰口铸铁。灰口铸铁的显微结构如图 2 所示。

2. 球墨铸铁

球墨铸铁是一种高强度铸铁材料，其综合性能接近钢。它采用镁、钙以及稀土元素等球化剂进行球化处理，从而得到球状石墨，因此也被称为球铁。由于球状石墨对机体的削弱作用较小，球墨铸铁的金属基体强度能够较好地保存，因而，其力学性能要优于普通灰口铸铁。球墨铸铁可以分为铁素体、珠光体＋铁素体以及珠光体三种。由于球墨铸铁的基体由铁素体和珠光体组成，因此可以通过热处理来改变基体组织结构，从而提升球墨铸铁的力学性能。球墨铸铁的显微结构如图 3 所示。

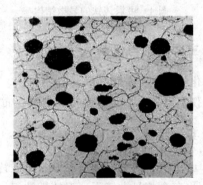

图 2　灰口铸铁的显微结构　　　　　　　　图 3　球墨铸铁的显微结构

3. 可锻铸铁

可锻铸铁是由白口铸铁经石墨化退火处理获得的，具有较高的强度、塑性和冲击韧性。可锻铸铁中的碳以团絮状石墨的形式存在，对金属基体的割裂和破坏较小，因此，金属基体的强度、塑性和韧性都能较好地继承下来。可锻铸铁中的团絮状石墨的数量越少，外形越规则，分布越细小、均匀，其综合力学性能也就越好。可锻铸铁可以分为两大类，一类是由铁素体基体和团絮状石墨组织共同构成的，称为铁素体可锻铸铁；另一类是由珠光体基体和团絮状石墨组织构成，称为珠光体可锻铸铁。可锻铸铁的显微结构如图 4 所示。

4. 蠕墨铸铁

蠕墨铸铁中的石墨具有球状和片状之间的一种过渡形态，因此，兼具球墨铸铁和灰口铸铁的性能。它是通过在一定成分的铁水中加入适量的蠕化剂和孕育剂而获得的。蠕虫状的石墨具有圆弧状的边缘和不平整的表面，可以使得铁基体与石墨之间产生较强的黏合力，从而抑制了裂纹的产生，并能抑制裂纹的扩展。蠕墨铸铁中的铁基体组织倾向于形成铁素体，这将会导致其强度和耐磨性的下降，可以通过碳的扩散条件、基体中某些元素的显微偏析程度以及冷却速率等因素的调控来进行控制。蠕墨铸铁中也必然含有球状石墨，但不能过多，球状石墨虽能增加其强度和刚性，但会影响其可铸性、铸件的加工性和导热性。因此，需要根据工艺和铸件的工作性能要求来对蠕墨铸铁的微观结构进行调控。蠕墨铸铁的显微结构如图 5 所示。

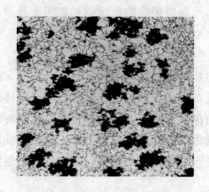

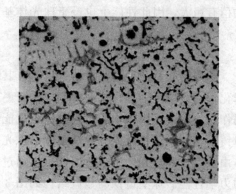

图 4　可锻铸铁的显微结构　　　　　　　图 5　蠕墨铸铁的显微结构

三、主要试剂与仪器

化学试剂：灰口铸铁、球墨铸铁、可锻铸铁及蠕墨铸铁试样若干。

仪器设备：金相显微镜，砂纸，布氏硬度计。

四、实验步骤

① 将灰口铸铁、球墨铸铁、可锻铸铁及蠕墨铸铁制成金相试样。

② 在金相显微镜下，对铸铁的组织进行观察和分析，并初步绘制其显微组织图像。

③ 分别测试不同碳含量的灰口铸铁、球墨铸铁、可锻铸铁及蠕墨铸铁的布氏硬度。

④ 观察灰口铸铁、球墨铸铁、可锻铸铁及蠕墨铸铁中石墨形态的差异，并分析其对铸铁性质的影响。

五、思考题

1. 提高孔径光阑数值对成像有什么影响？

2. 灰口铸铁、球墨铸铁、可锻铸铁及蠕墨铸铁显微结构的区别是什么？

实验 60

循环伏安法测试氧化还原曲线

一、实验目的

1. 了解循环伏安法测量氧化还原曲线的基本原理。

2. 掌握电化学工作站的使用方法。

3. 学会处理和分析循环伏安曲线。

二、实验原理

循环伏安法（cyclic voltammetry，CV）是一种常用的电化学研究方法，可用于电极反应的性质、机理和电极过程动力学参数的研究，也可用于定量确定反应物浓度、电极表面吸附物的覆盖度、电极活性面积以及电极反应速率常数、交换电流密度、反应的传递系数等动力学参数。本实验采用循环伏安法测铁氰化钾溶液的氧化还原曲线。

循环伏安法。如以等腰三角形的脉冲电压加在工作电极上，得到的电流电压曲线包括两个分支，如果前半部分电位向阴极方向扫描，电活性物质在电极上还原，产生还原波，那么后半部分电位向阳极方向扫描时，还原产物又会重新在电极上氧化，产生氧化波。因此一次三角波扫描，完成一个还原和氧化过程的循环，故该法称为循环伏安法。

铁氰化钾体系（$Fe(CN)_6^{3-/4-}$）在中性水溶液中的电化学行为是一个可逆过程，其氧化峰和还原峰对称，两峰的电流值相等，峰电位差理论值为 59 mV。体系本身很稳定，通常用于检测电极体系和仪器系统。

三、主要试剂与仪器

化学试剂：

试剂 A：电活性物质，0.01 mol/L $K_3Fe(CN)_6$ 水溶液，用于配制各种浓度的实验溶液；

试剂 B：支持电解质，2.0 mol/L KNO_3 水溶液，用于提升溶液的电导率。

仪器设备：RST 系列电化学工作站。

实验电极：

工作电极：铂圆盘电极、金圆盘电极或玻璃碳圆盘电极，任选一种；

参比电极：饱和甘汞电极；

辅助电极（对电极）：可选用铂片电极或铂丝电极，电极面积应大于工作电极的 5 倍。

四、实验步骤

1. 溶液的配置

在 5 个 50 mL 容量瓶中，依次加入 KNO_3 溶液和 $K_3Fe(CN)_6$ 溶液，使稀释至刻度后 KNO_3 浓度均为 0.20 mol/L，而 $K_3Fe(CN)_6$ 浓度依次为 1.00×10^{-4} mol/L、2.00×10^{-4} mol/L、5.00×10^{-4} mol/L、8.0×10^{-4} mol/L、1.00×10^{-3} mol/L，用蒸馏水定容。

2. 工作电极的预处理

用抛光粉（Al_2O_3，200～300 目）将电极表面磨光，然后在抛光机上抛成镜面。最后分别在 1：1 乙醇、1：1 HNO_3 和蒸馏水中超声清洗。

3. 测量系统搭建

在电解池中放入电活性物质 5.00×10^{-4} mol/L 铁氰化钾及支持电解质 0.20 mol/L 硝酸钾溶液。插入工作电极、参比电极、辅助电极。将仪器的电极电缆连接到三支电极上，电缆标识如下：

辅助电极——红色；参比电极——黄色；工作电极——红色。

为防止溶液中的氧气干扰，可通 N_2 除 O_2。

4. 运行"线性扫描循环伏安法"

所用溶液：5.00×10^{-4} mol/L 铁氰化钾、0.20 mol/L 硝酸钾。

运行 RST 电化学工作站软件，选择"线性扫描循环伏安法"。参数设定如下：

静置时间（s）：10；起始电位（V）：-0.2；终止电位（V）：0.6；扫描速率（V/s）：0.05；采样间隔（V）：0.001。

启动运行，记录循环伏安曲线，观察峰电位和峰电流，判断电极活性。量程依电极面积及扫速不同而异。以扫描曲线不溢出、能占到坐标系 Y 方向的 1/3 以上为宜选择合适的量程，有助于减小量化噪声，提高信噪比。

5. 不同扫描速率的实验

溶液：5.00×10^{-4} mol/L 铁氰化钾、0.20 mol/L 硝酸钾。

参数设定如下：

静置时间（s）：10；起始电位（V）：-0.2；终止电位（V）：0.6；采样间隔（V）：0.001。

分别设定扫描速率为 0.05V/s、0.1V/s、0.2V/s、0.3V/s、0.5V/s 进行实验。

实验运行。分别将以上 5 次实验得到的曲线以不同的文件名存入磁盘。利用曲线叠加功能，可将以上 5 条曲线叠加在同一个坐标系画面中。

6. 不同铁氰化钾浓度的实验

参数设定如下：

静置时间（s）：10；起始电位（V）：-0.2；终止电位（V）：0.6；扫描速率（V/s）：0.05；采样间隔（V）：0.001。

在电解池中分别放入下列浓度的铁氰化钾溶液进行实验：

1.00×10^{-4} mol/L；2.00×10^{-4} mol/L；5.00×10^{-4} mol/L；8.00×10^{-4} mol/L；1.00×10^{-3} mol/L。

其中支持电解质为 0.20 mol/L 硝酸钾。

实验运行。分别进行 5 次实验，得到 5 条循环伏安曲线，并分别存盘。

数据测量。点击菜单"图形测量"→"测量图形数据"或工具按钮，选择半峰法，可测出曲线的峰电流、峰电位，并可随文件一起保存。

图形叠加。用图形叠加功能可将多条曲线放在同一画面中进行比较观察。

数值分析。用软件自带的定量分析功能-标准曲线法，可找出峰电流和浓度的线性方程和相关系数。具体操作见软件菜单功能。

7. 参考下面的分析方法对已测数据进行分析

① 对 $Fe(CN)_6^{3-}$（内含 0.20 mol/L KNO_3）溶液的循环伏安曲线进行数据处理，选取曲线第三和第四段曲线，即第二个循环圈，根据循环伏安曲线特点，用半峰法进行峰测量，测量结果如图 1 所示。

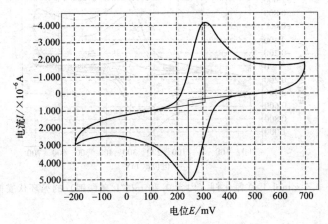

图 1　单线扫描循环伏安曲线示例

由测量结果可知：氧化峰电位为 $E_{p_2} = 308$ mV，峰电流为 $I_{p_2} = 4.14 \times 10^{-6}$ A；还原峰电位为 $E_{p_1} = 240$ mV，峰电流为 $I_{p_1} = 5.08 \times 10^{-6}$ A。氧化峰与还原峰之间的电位差为 68 mV，峰电流的比值，$I_{p_1}/I_{p_2} \approx 1.28$。由此可知，铁氰化钾体系（$Fe(CN)_6^{3-/4-}$）在中性水溶液中的电化学反应是一个可逆过程。由于该体系稳定，电化学工作者常用此体系作为电极探针，用于鉴别电极的优劣。

② 将不同扫描速率 0.05V/s、0.1V/s、0.2V/s、0.3V/s、0.5V/s 的循环伏安曲线进行叠加，如图 2 所示，随着扫描速率的增加，峰电流也增加。分别测量它们的峰数据可以得到峰电流与扫描速率的关系。

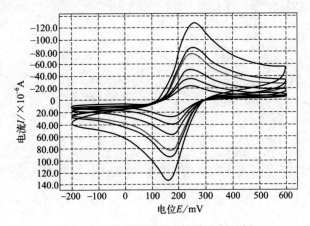

图 2　不同扫速循环伏安曲线叠加示例

③ 将不同浓度的铁氰化钾 $[Fe(CN)_6^{3-}]$ 溶液的循环伏安曲线同样进行叠加，可以发现峰电流随着浓度的增大而增大。分别测量它们的峰数据并进行数据处理，由线性方程及相关系数可知，在实验的浓度范围内，峰电流与铁氰化钾 $[Fe(CN)_6^{3-}]$ 溶液浓度呈线性关系。因此，可以以此进行定量分析。0.5mmol/L 铁氰化钾的循环伏安曲线如图 3 所示。

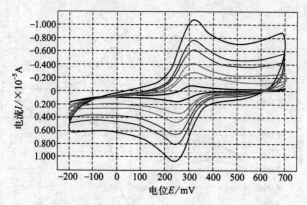

图 3　0.5 mmol/L 铁氰化钾（内含 0.20 mol/L 硝酸钾）的循环伏安曲线

五、思考题

1. 试通过循环伏安曲线分析材料的氧化或还原能力？

2. 工作电极为什么要做预处理？

参考文献

[1] 张爱清．高分子科学实验教程．北京：化学工业出版社，2011．

[2] 徐群杰，葛红花，李巧霞．材料学专业实验教程．北京：化学工业出版社，2012．

[3] 陶文宏，杨中喜，师瑞霞．现代材料测试技术实验．北京：化学工业出版社，2014．

[4] 廖晓玲，徐文峰，李波，等．材料化学基础实验指导．北京：冶金工业出版社，2015．

[5] 陈国华．功能材料制备与性能实验教程．北京：化学工业出版社，2012．

[6] 董国君，李刚，李峻青．材料化学专业实验．北京：化学工业出版社，2013．

[7] 刘德宝，陈艳丽．功能材料制备与性能表征实验教程．北京：化学工业出版社，2019．

[8] 曲荣君，殷平，陈厚，等．材料化学实验．北京：化学工业出版社，2015．

[9] 陈万平．材料化学实验．北京：化学工业出版社，2017．

[10] 刘芙，张升才．材料科学与工程基础实验指导书．杭州：浙江大学出版社，2011．

[11] 云南大学材料学科实验教学教研室．材料物理性能实验教程．北京：化学工业出版社，2017．

[12] 梁晖，卢江．高分子化学实验．北京：化学工业出版社，2014．

[13] 李善忠．材料化学实验．北京：化学工业出版社，2011．

[14] 肖汉文，王国成，刘少波．高分子材料与工程实验教程．北京：化学工业出版社，2008．

[15] 李琳，马艺函，孙朗．材料科学基础实验．北京：化学工业出版社，2021．

[16] 蒋鸿辉，邓义群，杨辉，等．材料化学和无机非金属材料实验教程．北京：冶金工业出版社，2018．

[17] 陈厚，马松梅，蒙延峰．高分子材料加工与成型实验．北京：化学工业出版社，2012．

参考文献